十五年砥砺奋进

——中飞院飞行训练安全发展历程

中国民用航空飞行学院航空安全办公室 编著

西南交通大学出版社
·成都·

图书在版编目（CIP）数据

六十五年 砥砺奋进 ：中飞院飞行训练安全发展历程 / 中国民用航空飞行学院航空安全办公室编著. —成都：西南交通大学出版社，2021.6

ISBN 978-7-5643-8065-6

Ⅰ. ①六… Ⅱ. ①中… Ⅲ. ①民用航空－飞行安全－飞行训练－研究－中国 Ⅳ. ①V328

中国版本图书馆 CIP 数据核字（2021）第 117102 号

Liushiwu Nian Dili Fenjin

—Zhongfeiyuan Feixing Xunlian Anquan Fazhan Licheng

六十五年 砥砺奋进

——中飞院飞行训练安全发展历程

中国民用航空飞行学院航空安全办公室 编著

责任编辑	宋浩田
封面设计	原创动力
出版发行	西南交通大学出版社 （四川省成都市金牛区二环路北一段 111 号 西南交通大学创新大厦 21 楼）
发行部电话	028-87600564 028-87600533
邮政编码	610031
网址	http://www.xnjdcbs.com
印刷	四川煤田地质制图印刷厂
成品尺寸	170 mm × 230 mm
印张	16.5
字数	226 千
版次	2021 年 6 月第 1 版
印次	2021 年 6 月第 1 次
书号	ISBN 978-7-5643-8065-6
定价	88.00 元

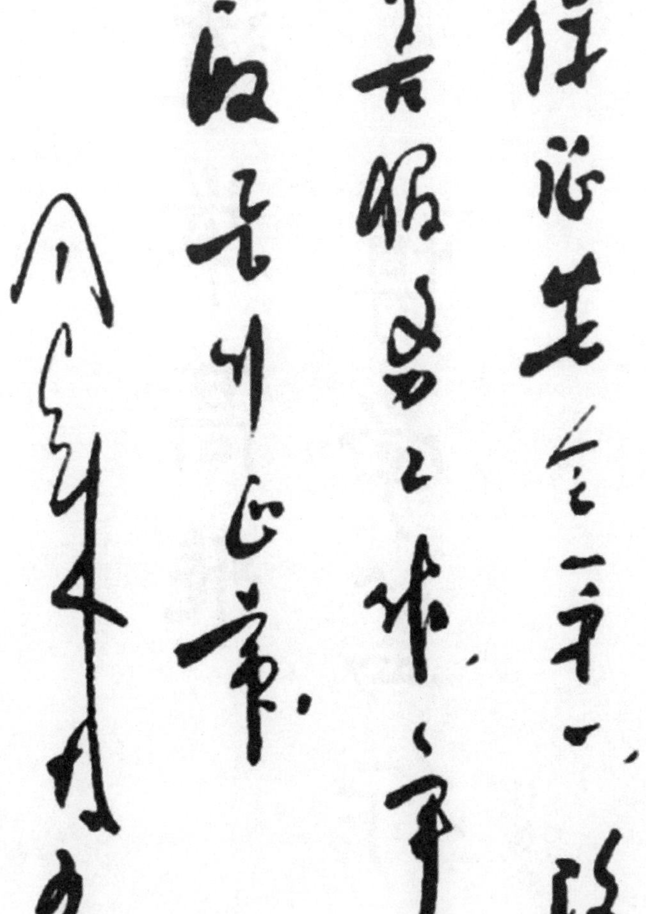

遠舉高飛

博学篤行

任继愈题

校　旗

校　徽

民航安全飞行奖章（铜质、银质、金质、功勋）

学院飞行教员徽章（金质）

学院飞行学员徽章（银质）

编写组

顾　问：关立欣　欧阳霆　黄文彦　何永威　孙国辉

徐立剑　马建新　王小龙　万　军

主　编：王永根　张世坤

成　员（排名不分先后）：

李　明　郭湘川　王合超　皇甫铮　田　地

任　可　饶　弘　杨　畅　宫献鑫　周跃飞

王　波　向正湘

前言

中国民用航空飞行学院的前身是中国人民解放军第十四航空学校，创建于 1956 年。建校 65 年来，学院不忘初心，牢记使命，始终全面坚持党和国家的教育方针，始终牢固坚持安全第一、预防为主、综合治理的安全方针，依托于行业、支撑起民航，为党育人，为国育才，用汗水和智慧铺筑了中国民航发展建设坚实的基石，创造了一个又一个安全佳绩，树立了通用航空飞行安全的标杆。

在庆祝中国共产党成立 100 周年之际，根据学院党委部署，学院航空安全办公室组织编撰了本书。通过对中飞院简介、飞行训练分院安全发展、安全管理机构沿革等 13 章内容的介绍，全面深入地回顾了学院飞行训练发展历程，准确客观地展现了学院安全工作业绩，充分展示党领导学院飞行训练安全发展的伟大成就，高度总结党领导学院飞行训练建设发展的成功经验，为新时代民航强国建设提供借鉴。

本书在编撰过程中，得到了各相关单位及个人的积极支持和大力配合，谨在此致以衷心的感谢！

书中难免有错漏之处，恳请读者批评指正。

航空安全办公室编写组

2021 年 1 月

目　录

第一章

中国民用航空飞行学院简介

中国民用航空飞行学院，简称“中飞院”，创建于1956年，是中国民用航空局与四川省共建高校，也是中国民用航空局直属的全日制普通高等学校。学院作为为中国民航培养高素质人才的主力高校，经过60多年的建设与发展，已成为全球民航职业飞行员培养规模最大、能力最强、水平最高，享誉国内、在世界民航有着较高影响力的高等学府。中国民航领域超过70%的飞行员、超过80%的机长毕业于此，因为也被称为“中国民航飞行员的摇篮”。

一、历史沿革

“中飞院”的诞生：“中飞院”源于人民军队，其前身是中国人民解放军第十四航空学校，于1956年经周恩来总理批准成立，由毛泽东主席任命军政领导，肩负着为国家培养合格民航飞行人才的特殊使命，是伴随着中华人民共和国民航事业的起步而创建的。

学院几易校名：1956年5月26日，经国务院批准，在空军支持下建立中国民用航空局航空学校，同年9月22日，经国防部批准，定名为中国人民解放军第十四航空学校；1963年10月25日，按中央军委指示，更名为中国民用航空高级航空学校，并报国务院批准列入高等学校名单；1971年5月19日，经中央军委批准，再次更名为中国人民解放军第十四航空学校；1980年8月7日，经国务院、中央军委批准，更名为中国民用航空飞行专科学校；1987年12月15日，经国家教委批准，升格为全日制普通高等本科学校，并更名为中国民用航空飞行学院。学院成立文件见图1–1。

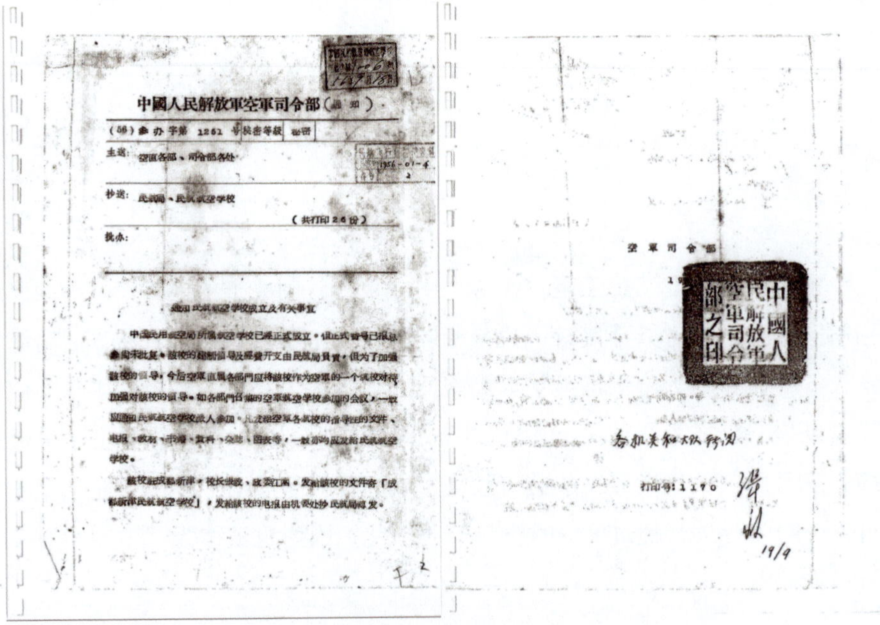
中國人民解放軍空軍司令部（通知）

(56)参办字第 1261 号 | 机密等级 | 秘密

主送：空直各部、司令部各处

抄送：民航局、民航航空学校

（共打印26份）

批办：

通知民航航空学校成立及有关事宜

中国民用航空局所属航空学校已于正式成立。但正式番号已报总参尚未批复。该校的编制领导及经费开支由民航局负责，但为了加强该校的领导，今后空军直属各部门应将该校作为空军的一个航校对待，加强对该校的领导。如各部门召集的空军航空学校参加的会议，一般应通知民航航空学校派人参加。凡发给空军各航校的指导性的文件、电报、教材、书籍、资料、杂志、图表等，一般亦均应发给民航航空学校。

该校驻成都新津，校长张致、政委江两。发给该校的文件寄「成都新津民航航空学校」，发给该校的电报由机要处抄民航局转发。

空軍司令部

中國人民解放軍空軍司令部之印

打印号：1170

图1–1　学院成立文件

二、办学资源

学院本部位于成都平原腹地的四川省广汉市，毗邻成都市青白江区，校区地跨川、豫两省五市七个校区，占地面积19 000余亩（1亩≈666.667平方米）。学院在四川新津、广汉、绵阳、遂宁和河南洛阳分别建有5个飞行训练分院，在自贡、梧州、哈尔滨建有合作飞行训练基地，管理运行5个通用及运输航空机场，拥有奖状CJ1/M2（Cessna525）、新舟600（MA600）、西门诺尔（PiperPA44-180）、赛斯纳172（172R/S）、西锐20（CirrusSR20）、钻石42（DA42NG）、钻石20（DA20-C1）、阿古斯塔（AW109sp）、罗宾逊R66（RobinsonR66）、罗宾逊R44（RobinsonR44）等共计21种型号400余架初、中、高级教练机，以及空客、波音等40台全飞行模拟机、固定模拟机和练习器，各型航空发动机500多台。

学院图书馆馆藏纸质图书超过150万册、电子图书超过580万册、数据库52个，建立了6个以飞行训练、航空安全为主题的民航特色数据库，与中国商飞共建了国产商用飞机特藏室。学院建有世界一流的航空发动机维修培训中心，拥有教学用现役大型涡扇发动机10台，涵盖全球运输航空机队的主流配型发动机，是全球最大的LEAP系列发动机培训中心，是CFM国际公司的全球四大培训中心之一。学院拥有国内最大、实力最强的通用航空维修基地来辅助教学科研，是世界主流通航飞机制造商的授权维修中心，覆盖整机修理、发动机翻修和航空器部附件修理三大领域。学院设有中国民航局授权的民用航空器驾驶员执照理论考试点、飞行员语言等级测试考试点、民航管制员英语测试中心、航空器维修执照培训考试中心、飞行签派员培训中心、工程技术训练中心，并为中国民航建标、立法提供技术支持和培训。

2018年，学院天府校区的建设申请获得中国民航局和四川省政府的批复。校区位于成都东部新区天府国际空港新城绛溪南片区，距成都天府国际机场约5千米，总投资约100亿元，占地1 606亩。校区按满足2030年在校生2.5万人的需求进行设计，预计于2023年建成并投入使用。

三、学科专业

学院立足民航、坚持特色发展，形成了以工为主，理、工、文、管、法多学科协调发展的学科专业体系。现有11个二级学院、4个一级学科硕士学位授权点、3个专业学位类别硕士学位授权点、36个本专科专业，覆盖了民航所有专业领域。其中，飞行技术专业入选首批国家级一流本科专业建设点，是全国拥有该专业院校中唯一一个获得此成就的；交通运输和飞行器动力工程2个专业入选首批省级一流本科专业建设点；2019年入选教育部首批新工科研究与实践项目2个。

学院有3个四川省优势特色一级学科，17门国家级或省部级精品课程，共获得四川省重点学科1个，优势学科2个；国家级人才培养模式创新试验区项目建设1个；国家级特色专业2个、省级特色专业3个；省部级本科专业综合改革项目3项；卓越工程师人才培养计划项目5项。

2018年，教育部对学院本科教学工作进行审核评估，充分肯定了学院取得的办学成绩，并对学院飞行专业人才培养工作给予了高度的评价。

四、师资力量

学院现有专任教师1 118人，其中“双师”型教师400余人，具有正高级飞行员、教授、研究员等高级职称的教师600余人，有博士、硕士学位的中青年教师占教师总数的75%以上。他们当中有国家重点研发计划首席科学家、民航科技创新领军人才、民航首届科技创新拔尖人才、国际民航组织专家组成员、民航特聘专家、四川省突出贡献中青年专家教授、民航功勋飞行员等，形成了一支在国内外享有盛誉的遍布飞行技术、空中交通管理、航空工程等民航特有专业的高水平师资队伍。

五、人才培养

学院现有全日制在校学生2.3万余人，其中飞行技术专业学生1万余人，全日制民航专业学生占学生总数的80%以上，是国家全过程培养民航人才的主阵地。历经60多年的建设发展，累计培养了近20万名各类民航专业人才，有5 000多名在不同历史时期、不同专业领域引领民航业安全发展的管理人才和英雄校友。他们有血洒蓝天的战斗英雄杜凤瑞；勇斗歹徒、保卫人民生命财产安全的反劫机英雄杨继海、王仪轩、张远生、阎文华；感动中国的英雄机长倪介祥；飞越科索沃战火的英雄机长刘晋平；国产大飞机ARJ21、C919、AG600首席试飞机组；川航“中国民航英雄机组”成员；等等。

学院近九成毕业生会进入民航系统。2019年毕业生的平均就业率接近90%，其中飞行技术专业就业率达到100%，交通运输、航空工程等大类专业的就业率趋近90%。2019年，学院录取最低分超过当地一批次线的省份有20个，民航特色专业第一志愿录取率基本为100%。

经过60多年的教学实践，学院形成了具有中国特色的运输航空飞行员培养体系，并深度参与民航法规和标准的制定，系统构建了完整的民航飞行训练标准，实现了从飞行学生到航线运输机驾驶员的无缝衔接，是联合国重点推广的“多人制机组驾驶员执照课程（Multi-Crew Pilot License，MPL）试点单位。学院以优异的飞行训练安全业绩荣获中国民航“飞行安全五星奖”，创造并保持了全球通航安全最高纪录。2019年飞行训练量达37万飞行小时，占全国通用航空飞行总量的30%以上。

学院全力建设世界一流的民航监察员培训学院，为中国民航治理体系和治理能力现代化贡献力量。2020年9月10日，民航局为民航监察员培训学院授牌。

学院助力中国民机产业发展，与中国商飞共建有“大飞机学院”和“民机飞行技术与运行联合实验室”，在飞行员和工程技术人员培训、机型性能优化、市场竞争研究等领域开展深度合作。

六、科技创新

学院坚持把科技创新作为新时代民航强国建设的支撑，以中国民航

“四型科研院所”“五大基地”为基础，搭建和布局科技创新实验平台，形成具有一定规模的科研资源体系，涵盖民航运行安全、维修适航审定、通用航空等领域。在飞行技术、机务维修、机场工程与运行、空中交通管理、航空公司运营管理等方面，建成教学科研实验室、研究中心52个，获得省部级以及共建、联合重点实验室（工程技术研究中心）8个，产业技术创新联盟4个，建有国家级高新技术开发区“协同创新与科技成果孵化中心（德阳）”“航空器防火救援院士工作站”“中国民航数据工程与行为科学研究院”，在学院以及民航的科技发展中发挥了引领作用。

2016年以来，学院承担国家重点研发计划、自然科学基金、社会科学基金和软科学等各级各类科研项目2 000余项；获得各类科技成果和技术改进奖励300多项，其中省部级以上奖励26项，国家发明专利、实用新型专利等专利300多项；在国内外高水平学术刊物上公开发表成果1 100余篇，出版有影响力的学术专著100多部；有200余项科研成果及技术服务实现成果转化和应用，为100余家民航行业、地方政府、企业提供科技服务；为民航安全运行、航空公司、空管系统、机场保障提供了高质量的工程技术服务和政策标准与决策咨询，产生了良好的经济效益和社会效益。

七、国际交流

学院与国际民航组织（ICAO）、国际航空运输协会（IATA）等国际和地区民航组织，与美国、法国、英国等21个国家和地区的民航机构、航空院校，以及波音、空客、通用电气、国际航空发动机公司等知名航空制造企业建立了广泛的交流与合作关系。学院是亚洲第一个入选国际民航组织“未来航空人才计划”的全日制大学。为加强国际交流，自2009年以来，学院累计选拔3 000余人次优秀学生赴国外留学，与国际民航合作组织实习。学院积极响应国家“一带一路”倡议，开展多层次的来华留学生教育和职业培训，为沿线多个国家培养了飞行、机务、乘务等民航专业人才。学院坚持走国际化办学道路，积极聘请、引进高水平外籍教师和专家参与教学和科研等工作。

建校60多年来，学院始终全面坚持党和国家的教育方针，继承和发扬人民军队“红色基因”，秉承“远举高飞，博学笃行”的校训，弘扬“忠诚团结，勤奋严谨，安全精飞，求实创新”的校风，厚植“人民送我学飞行，我学飞行为人民”的宗旨意识，传承“帮思想、教技术、带作风”的育人“九字经”教风，形成了具有“中飞院”特色的大学文化。学院依托于行业、支撑起民航，奉献于共和国的一片蓝天，被中央媒体誉为“一所大学支撑起一个行业”。

第二章
飞行训练分院安全发展

一、新津分院

（一）分院风貌

新津分院现坐落于四川省成都市郊县新津县境内，占地4 100余亩，现有教职工400余人。经过几十年、数辈人的不懈奋斗，目前分院同时进行着初、中教机和直升机驾驶员的培训，也是学院唯一进行直升机驾驶员培训的分院，具备年培养学生300余人，年训练时数6万余小时的培训能力。分院现有58架共7种机型的飞机供教学训练使用，有一个独立的训练机场和配套的教学保障、生活服务设施；有一支作风过硬、技术精湛、经验丰富的飞行教师队伍。分院办公楼如图2–1所示。

图2-1　分院办公楼

长期以来，分院以服务社会、服务大众为己任，锻造并始终贯彻“团结奉献、开拓创新、求真务实、优质安全”的分院精神，凝练了响誉民航“帮思想、教技术、带作风”的“九字经”教风；铸就了艰苦奋斗、勤俭办学、乐于奉献的优良传统；砺炼出了一支政治过硬、技术精湛、作风严谨的师资队伍；输送了一大批德才兼备的飞行人才；创造了良好的安全保障记录。分院直升机机队如图2-2所示。

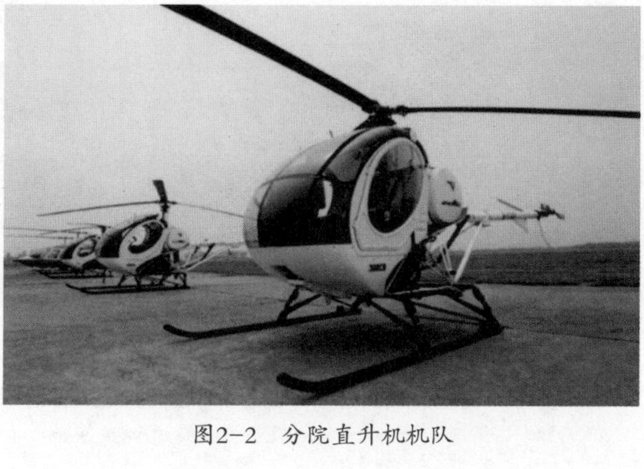

图2-2　分院直升机机队

进入21世纪，分院审时度势，提出了构建公司满意、局方满意、学院满意、家长满意和学生满意的“五满意”分院发展目标，将战略目标定位于“把分院建成适应民航发展需要、符合行业法规标准、满足学院教学要求、培训质量一流、初中高教机配套的完整商用驾驶员培训基地；建成校园环境美、安全氛围浓、文化底蕴厚、规章制度完善、人际关系融洽的具有分院特色的和谐校园，在分院教学训练事业全面进步的同时，实现人的全面发展”，并着手全面实施安全工程、质量工程、人才工程、和谐工程和党建工程。

2019年5月，自贡训练基地揭牌运行，学院授权新津分院管理，这是学院“分院+基地”模式下首个飞行训练基地，是学院训练量增长的新引擎，是完善学院训练网络的新支点。自贡训练基地与分院同步采用“4+2”训练模式，与分院本场形成双向对飞。自贡基地驻训飞机从6架增加到16架；日起落突破200架次；日均飞行时间70余小时；全学院转场1 800余架次；分院常驻师生员工近100人；2020年度截至目前为止已累计完成飞行训练7 000余小时，预计未来可达到驻训20架飞机、年训练量20 000小时的规模。新津分院自贡辅助运行基地作为学院“飞行训练增长点”“训练网络新支点”的战略意义正逐步显现。自贡训练基地如图2-3所示。

图2-3　自贡训练基地

（二）发展历程

中国民用航空飞行学院新津分院始建于1957年，是学院所有飞行分院中历史最悠久的。

1957年，中华人民共和国成立伊始，百业待兴。一批新中国的开拓者，怀着“车行无阻，货畅其流”的理想，在成都市郊的一片荒滩上，创办了中国人民解放军第十四航空学校第二飞行训练团，后经空军批准改称“中国人民解放军第十四航空学校第一飞行训练团”（简称一团）。该团是在学校飞行大队的基础上接收空军调入人员后组建而成的。团部和飞行基地设在新津机场，占地面积298.4万平方米，办公和公用房面积3.02万平方米，至此奠定了中国民用航空飞行学院新津分院的第一块基石。分院成立之初的部分珍贵图像资料见图2–4。

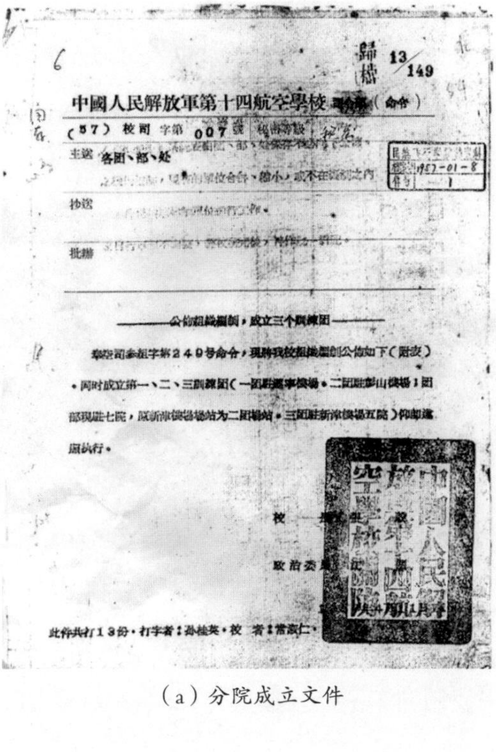
中國人民解放軍第十四航空學校（命令）

（57）校司 字第 007 號

主送 各团、部、处

抄送

批辦

——公佈組織編制，成立三个訓練团——

奉空司参組字第249号命令，現將我校組織編制公佈如下（附表）。同时成立第一、二、三訓練团（一团駐遂寧機場。二团駐彭山機場，团部現駐七院，原新津機場場站為二团場站。三团駐新津機場五院）仰即遵照执行。

校长

政治委员

此件共打13份·打字者：孙桂英·校 者：常汉仁·

（a）分院成立文件

（b）地面苦练 空中精飞　　　　（c）岗位比武活动

图2-4　学院部分图像资料（一）

一团是飞行教学训练的实体，在学校的领导下，按计划实施飞行教学训练和管理。一团组建初期，机构设有司令部、政治处、机务处、飞行一大队、飞行二大队、场站和警卫通信连。20世纪六、七十年代，学校历经风雨，但师生胸怀建设祖国、扎根西部、奉献社会的坚定信念，矢志不渝，艰苦奋斗，为国家培养了一批又一批基础建设人才。同时，学校还承担了援外建设和教育任务，为发展中国家培养了大批外国留学生。学院早期的部分珍贵图像资料见图2-5。

地面授课　　　　分院第一期飞行员毕业合影

图2-5　学院部分图像资料（二）

1960年4月16日，一团二大队在组织仪表空域训练的过程中，因带飞教员在着陆滑跑中使用刹车不当，造成安二8043号机“拿大顶”的三等飞行事故。这是学校建校以来在飞行训练中发生的第一起等级飞行事故。随即，学校派出工作组对事故进行调查处理，全校停飞整顿，对一团进行重点整顿。此次等级飞行事故使得学校对飞行安全的重视程度提升到了新的高度。

次年，一团二大队在进行仪表科目训练的过程中，安二8107号机由于带飞教员缺乏仪表飞行的经验，飞行指挥员指挥失误，天气突变，造成飞机在盲目乱飞中撞山，机上教学员2人牺牲，飞机报废。民航总局和学校组成联合调查组到现场调查事故原因，并制定了有力的整顿措施，通过系统性的整改措施，有力扭转了当时的安全形势。

1971年，根据上级指示精神，校司令部和政治部联合下发《关于建立安全小组问题》的通知，一团设置安全办公室并明确工作职责，随之飞行大队、机务中队和场站外场股成立安全小组负责具体安全监督工作，分院安全管理迈上新台阶。

1981年，分院改名为中国民用航空飞行专科学校第一分校，1987年，改名为中国民用航空飞行学院第一分院，1993年，正式改名为中国民用航空飞行学院新津分院，开创了学校发展和建设的新纪元。分院老办公楼见图2-6。

图2-6　分院老办公楼（20世纪70～90年代）

分院抢抓机遇，乘势而上，科学统揽教学、科研、管理、学科建设与队伍建设等各方面的工作，积极发挥培养人才、科学研究、服务社会三大职能，办学实力不断增强，办学水平稳步提升，对外影响日益扩大，各项事业快速发展。政治学习的图像资料见图2-7，对日培训的图像资料见图2-8。

图2-7　政治学习

图2-8　对日培训

分院始终坚持以人为本，构建具有分院特色的安全文化。通过安全文化建设载体，把安全问题由自然科学引向人文科学领域，树立持续安全的理念，实现安全发展。

因分院地理位置比较特殊，加之地面设施设备比较落后，飞行组织中所受到的各方面限制很大，给训练安全带来了直接的威胁。分院就如何防止飞行冲突、如何提高训练质量、如何预防维修人为差错等风险因素做了大量深入的研究，确保了飞行教学训练能够安全地进行，为飞行教育事业稳步、健康、快速地发展奠定了良好的基础。

1998年4月，41期学生驾驶TB20/200型初教机，在新津机场成功地进行了单人制单飞，为今后全部学生进行单人制单飞打下了坚实的基础，取得了宝贵的经验。同年，分院贝尔-206直升机夜航训练按计划顺利完成，填补了学院直升机夜航训练的空白，有效提升了学院的直升机训练能力。

1998年12月19日，分院连续安全飞行10周年，民航总局授予新津分院“安全飞行先进单位”称号，颁发奖金十万元，为分院持续做好安全工作提供了更大的动力。

2006年，新津分院举行西门诺尔飞机交接仪式，至此，分院由单一的初教机训练扩展到初、中教机训练领域，完善了分院的训练体系，也对分院的安全管理提出了更高、更完备的要求。次年3月，分院西门诺尔首飞成功，标志着分院的飞行训练进入“单双”结合的时代，完备的运行前风险分析也为此次首飞打下了坚实的基础。次年，学院在新津分院召开“机务维修10年无人为差错”表彰大会，学院对分院机务部进行了通报表彰，局方和学院领导为分院机务维修“十佳安全标兵”颁发了荣誉证书。此次表彰大会也是学院对机务部十年兢兢业业、勤恳付出的巨大肯定。

2013年5月，分院直升机东航线穿越双流机场五边的最终方案敲定，首飞成功，为直升机训练打开了新局面。

2015年8月，第二次世界大战援华空军“飞虎队”指挥官陈纳德将军的外孙女、陈纳德航空军事博物馆馆长尼尔·凯乐威女士一行到访新津分院，参观第二次世界大战时期中国最大轰炸机机场、美国陆军第58轰炸联队指挥部——新津机场。

忆往昔，峥嵘岁月，筚路蓝缕；看今朝，豪情满怀，屡建新功。分院始终把安全放在首位，提高站位、服务大局、担当作为，坚持稳中求进的总基调，在统筹推进疫情防控和教学训练工作中，进一步巩固“稳”的根基，提升“进”的质量。严格落实安全管理“三个必须”和安全工作“四个责任”，做到管思想，提高站位抓认识；管作风，从严要求抓队伍；管运行，立足防范抓重点。正确把握训练节奏和安全裕度，正确处理教学训练与其他工作的关系，及时评估安全发展趋势、教学训练规模和运行保障能力，强化隐患排查治理、加强运行风险防控，统筹做好以教学训练为中心、确保运行安全为重点的各项工作，较好地保证了飞行安全和教学训练任务的完成，曾被民航总局授予“安全飞行先进单位”荣誉称号。

二、广汉分院

（一）分院风貌

时光荏苒，历史的车轮前进到了21世纪第三个十年，分院作为有着光荣历史和优良传统的单位，目前拥有一支思想过硬、作风严谨、技术精湛的教师队伍。他们当中，有30多人次获得民航及省级荣誉称号、民航局“功勋飞行员”奖章及安全金质、银质、铜质奖章。分院先后被国防部荣记集体二等功、集体一等功，获得全国“学雷锋先进集体”、全国总工会“模范职工之家”“全国民航安全飞行红旗单位”、民航“先进基层党组织”等殊荣。被评为四川省“高校党建思想政治工作先进组织”、四川省综合治理“模范单位”。60余年的昂首奋进，半个世纪的春华秋实；几代人励精图治的脚步，千万个执着不懈的足迹，使分院成为在国内外具有一定影响力和规模的飞行训练基地。面对新冠疫情、航空业大发展等历史变革、机遇，分院人正意气风发地不断深化教学改革，全面提高教学质量，努力拓展航线资源，进一步增强办学活力。分院办公楼见图2–9。

图2–9 分院办公楼

分院作为学院“以飞为主”战略的主战场，建校64年来，先后以陕西的三原、咸阳和四川的遂宁、广汉的4个机场为训练基地；曾使用雅克-18、雅克-11、初教六、运五、夏延ⅢA、运七-100、西门诺尔PA44、塞斯纳172、奖状CJ-1、新舟600、DA42NG共10余种机型进行教学训练，为空军和民航培养了大量的优秀飞行员，涌现出著名空军战斗英雄杜凤瑞、民航反劫机英雄机长王仪轩等德才兼备的飞行人才，形成了完善的飞行教学训练体系。目前，分院具有初、中、高教练机40余架，具有专职飞行教师80余名，年飞行训练量可达60 000小时。

（二）发展历程

1956年，新中国第一个国民经济五年计划取得决定性胜利，国家对民航事业的发展愈发重视，推动了民航飞行学校的成立。5月26日，国务院下文，批准建立“中国民用航空局航空学校”，同年，学校更名为“中国人民解放军第十四航空学校”，正式列入军队航校序列。

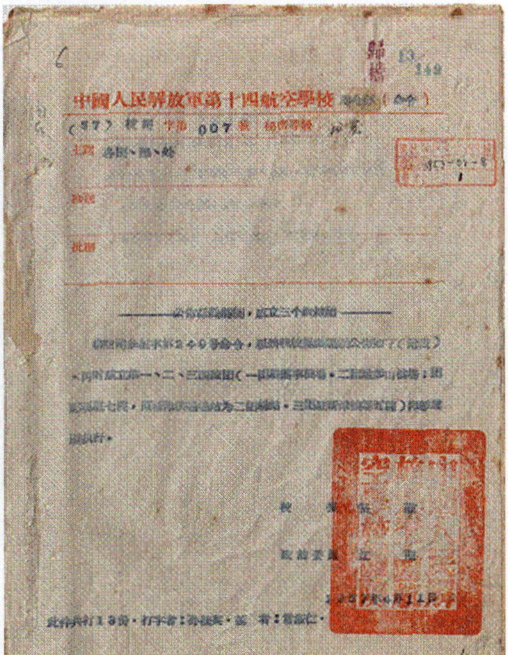
中國人民解放軍第十四航空學校

图2-10　二团成立文件

1957年4月11日经空军司令部批准，学校分次成立三个飞行训练团：一团驻遂宁机场，二团驻彭山机场，三团驻新津机场。二团此时破茧而出，等待展翅翱翔！二团成立的文件见图2-10。

1958年，人民解放军第十一航空学校第二飞行团成建制划归十四航校，成为十四航校第二训练团，由陕西三原机场搬至四川广汉机场，从此开启军航训练转入民航训练的新篇章。安全飞行七周年合影见图2-11。

图2-11　安全飞行七周年合影

1963年，二团由广汉迁至遂宁，该年是二团安全飞行第十周年。安全飞行十周年合影见图2-12。

图2-12　安全飞行十周年合影

1965年，民航总局给二团配备初教六型飞机15架，二团飞行训练规模迈向新台阶。

1987年4月4日，YN5/B-8394号飞机在进行航线训练时出现滑油泄露，经过机组的正确处置，飞机最终迫降在三台河滩上，人机安全，B-8394号机河滩迫降场景见图2-13。次日经过昼夜抢修，飞机恢复良好状态并在短窄跑道上仅用130米滑跑距离便成功起飞，在遂宁机场安全着陆，创造了迫降史上的奇迹。机组凭借高超的驾驶技术、严谨的飞行作风及牢固的安全意识保证了人机安全，受到了民航局的表彰，表彰场景见图2-14。

图2-13　B-8394号机河滩迫降

图2-14　B-8394号机组受到表彰

1990年，二分院进驻广汉机场，并引进夏延3A高教机进行训练。夏延3A飞机加装GPS获民航科技进步三等奖的场景见图2–15。

图2–15　科技保安全—夏延3A飞机加装GPS获民航科技进步三等奖

1992年，飞行学院进行布局调整，二分院于该年 6 月迁至广汉机场。二团是飞行教学训练实体，主要任务是对空勤学生进行飞行教学训练和管理。

为主动迎合中国民航快速发展的趋势及需要，分院进入综合训练时期以来，始终坚持以教学训练为中心，牢牢把握飞行安全的重点，建立并规范各种安全教学训练规章制度。

1993年9月10日，全国民航安全飞行表彰大会在学院隆重举行，国务院秘书局、国家教委、劳动部、全国总工会、航空工业总公司、民航总局的领导和四川省、成都市的有关领导及学院驻地各市县的党政领导参加此次会议。会上，宣读了国务院授予二分院“全国安全飞行标兵单位”、民航总局授予三分院“全国民航安全飞行先进单位”荣誉称号的决定；宣读了邹家华副总理为学院的题词。总局副局长在会上作了“学习二、三分院的宝贵经验，提高全国民航的安全水平”的讲话。分院安全飞行四十周年荣誉授予现场见图2–16。

图2–16 分院安全飞行四十周年荣誉授予现场

1996年3月，学院在广汉分院为1995年在咸阳机场迫降成功的丁援朝机组召开表彰大会，给丁援朝机组记集体三等功一次，给丁援朝个人记二等功一次。

1998年，分院研制的“夏延IIIA飞机加装GPS”通过民航局专家技术鉴定，首次实现了GPS与自动驾驶仪的交联，提高了夏延IIIA飞机的自动导航能力，践行科技促安全，进一步保障了飞行训练安全。

同年5、6月，分院出动运7/B–3480号机，在多地进行人工催化增雨的作业任务，为四川省抗旱救灾做出了积极贡献，四川省政府向分院赠送了锦旗以示感谢。

1999年，分院运输机驾驶专业学生通过单飞考核，首次高教机单飞便获得了成功，更是创造了国内，乃至国际飞行训练领域高教机单飞的新纪录，这标志着学院在学生综合素质的培养方面上了一个新的台阶。

2003年9月12日，广汉分院举行建校50周年庆典，民航总局、四川省领导等共400余人参加了庆祝大会。会上对先进集体和“十佳标兵”进行了表彰并颁发了奖状。分院建校50周年安全表彰大会见图2–17。

图2-17　分院建校50周年安全表彰大会

2008年“5 · 12”汶川大地震后，分院在抗震自救的同时，迅速投入到民航直升机大救灾的指挥和保障中。来自全国9家通用航空公司和香港特区政府飞行队的34架直升机集结广汉机场，在民航上级部门、学院和地方政府的统一指挥下，开辟了一条史无前例的空中生命通道。救灾期间，飞行1 000余架次，向灾区运送物资700多吨，运送专业救援人员800多人，从灾区接运伤员2 400余人。在抗震救灾的过程中，民航人反应迅速，决策果断，为抗震救灾做出了不可磨灭的贡献，学院因此被中华全国总工会评为“抗震救灾重建家园‘工人先锋号’”先进集体。“5 · 12”地震抗震救灾见图2-18。

图2-18　“5 · 12”地震抗震救灾实图

2010年起，分院连续三年荣获“质量安全最佳分院”，获奖现场见图2-19。

图2-19　荣获“质量安全最佳分院”

2017年9月29日，四川国际航空航天展览会（简称“四川航展”）在中国民用航空飞行学院广汉机场拉开帷幕。此次航展以“共舞蓝天，融合发展”为主题，秉承“大规模、高水平、国际化、专业性”的发展方向，共有两百余家企业、近百架飞机参展。未来，学院将按照协议要求继续深度融入四川临空经济区建设，共同加快推进航空产业和通用航空发展，为中国民航实现“两翼齐飞”蓝图做出贡献。本次航展，学院与当地政府紧密合作，在场地使用、航行管制、飞行服务等方面给予了大力支持。四川国际航空航天展览会机队展示现场见图2-20。

图2-20　四川国际航空航天展览会机队展示

2018～2020年是分院高速发展的一段时期，在这期间，学院购买的10架DA42NG型飞机入列分院训练机队，极大地缓解了双发教学训练瓶颈和中教机型老龄化的问题，完成了分院中教机从第一代西门诺尔到第二代钻石飞机的新老交替。2020年，学院采购的4架奖状M2落户分院，为下一阶段扩大训练量、提高训练能力打下坚实的用机保障。

分院从20世纪80年代开始大力提倡“实事求是、认真负责、严格要求、遵章守纪、迅速准确、细致周到、团结协作、刻苦耐劳”的32字维护作风，有效提高了飞机维护的可靠度，保障了分院训练工作的安全。二团荣获的国防部颁发的飞行安全集体一等功奖状见图2–21。

图2–21　二团荣获的国防部颁发的飞行安全集体一等功奖状

在进入20世纪90年代后，分院始终坚持“帮思想，教技术，带作风”九字经训练理念，以“安全是永恒的主题，质量是不懈的追求”为指导精神，稳步推进飞行训练工作持续、安全地发展。

从1990年起，分院机务维护工作依照相关法规的要求，由过去的机组负责制改为专业负责制，逐步建立健全质量管理、适航管理、技术监控体系，由经验型维护转换为科学型维护，为分院的安全飞行保驾护航。

在保证飞行安全的具体实践中，广汉分院坚持了一系列行之有效的措施。一是经常组织安全教育，巩固全员的安全观念。二是针对科目特点、季节变化开展安全预想活动，研究飞行中可能碰到的一些特殊情况，制定特殊情况处置预案，未雨绸缪，防患于未然。三是适时查管理，查思想，查隐患，对照职责找不足，对照制度找问题，对照要求找差距，消除不安全因素。四是通过开展安全竞赛来调动全员的积极性。五是严肃纪律，奖惩兑现，赏罚分明，建立健全激励机制。这些措施的认真落实，将卓有成效地推动安全工作稳步前进。

2020年，分院从“全面部署，加强安全管理体系建设”“提前预想，提升应急处置能力”“安全治理能力现代化，安全品质监控新方法”三个角度，加强分院安全管理工作和管理体系建设，综合提升分院安全管理水平和综合治理能力。分院把握“十四五规划”发展契机，创新安全管理思路，安全工作需慎之又慎，“翘首看鸿鹄，安全驻心中”。保证飞行训练质量和保证运行安全是分院永恒的主题。

三、洛阳分院

（一）分院风貌

在多年的安全发展过程中，洛阳分院在院站合并之初倡导的“三无”精神（即无隙的团结精神、无私的奉献精神、无畏的拼搏精神）的基础上，逐渐形成了具有自身特色的分院精神——团结、奉献、创新、实干。这些精神已成为分院安全精神文化的重要组成部分。

建院至今，洛阳分院已累计完成飞行教学训练37余万小时，安全起降160余万架次，为国家培养了3 600多名飞行人才，是全国民航安全飞行的红旗单位之一。目前，分院正向着实现第42个飞行安全年的目标迈进。在航空运输生产方面，航站开航至今，已开通了洛阳至北京／广州／成都／上海／深圳的多条航线，保障航班飞行1.7万余架次，运送旅客85万人次，运送货物1.1万吨，为民航和洛阳经济的发展做出了积极贡献。分院正门风貌见图2-22。

图2-22　分院正门风貌

分院人将继承发扬“团结、奉献、创新、实干”的分院精神，以“安全、质量、和谐、发展”为主线，秉承“固本强基、畅行蓝天”的发展理念，以安全为基，传承好“四我”“三实”优良作风；以改革为要，解放思想，完成好“第三次创业”；以奋斗为歌，唱响改革奋斗主旋律；团结一致迈向新征程，共同建设美丽分院。分院DA42NG飞机见图2-23。

图2-23　分院DA42NG飞机

（二）发展历程

中国民用航空飞行学院洛阳分院的历史，大致可分为组建、首次列入军队序列，划归民航领导后又重新列入军队序列，分院体制的第三次改变，分院体制的第四次改变等几个时期。

1、组建、首次列入军队序列时期

在空军和民航局的大力支持下，经国务院批准，1956年5月26日正式成立了“中国民用航空局航空学校”。9月22日，国防部批复空军司令部，同意在成都地区组建“中国人民解放军第十四航空学校”。1959年下半年，成立了第三训练团。

1962年，根据民航训练工作会议调整充实院校的有关精神，加上航油紧张，撤销了第三训练团。1963年初，空军和民航总局为了贯彻中央“调整”的八字方针，集中精力办好学校，提高教学质量，在报经军委和国家教育部批准后对学校的训练格局进行了调整，学校召开党委第七十次全会，研究部署了二团、三团搬家等问题。二团由广汉搬驻遂宁，三团由遂宁搬驻广汉。10月25日，空军、民航总局联合发出通知，学校改名为“中国民用航空高级航空学校”，分院改名为“中国民用航空高级航空学校第三训练团”。

在此期间，三团在遂宁机场组织本场科目训练中，安二8311号和8307号机发生了空中相撞的一等飞行事故，6名飞行人员因此牺牲，双机报废，这是学校飞行训练中发生的第一起严重飞行事故。

2、“创建维艰、曲折前行”时期

1963年，分院在四川广汉全新组建，1980年进入高等院校行列，先后经历划归民航领导、重新列入军队序列等阶段。

1963年10月31日，民航总局转发空军司令部于1963年10月22日批准的“中国民用航空高级航空学校”编制，分院因此改名为“中国民用航空高级航空学校第三训练团”，新编制保留司、政、后（司令部、政治部、后勤部）三大部和三个训练团及学生大队，第三训练团也因此保留了下来。

1964年11月4日，民航总局以文件的形式转发空军首长命令，批准高级航校469名尉级军官退出现役；11月15日，学校转发民航总局命令，批准学校132名军士退出现役；1965年7月10日，民航总局政治部转发国防部长命令，批准41名校级军官退出现役，至此，全校现役军人全部退出现役，12月22日，民航高级航校第四团正式成立，12月24日，学校司、政、后（66）司人字第19号文件联合发出通知，决定将第三团第六飞行大队调往四团组建第七飞行大队；三团机务大队二中队及三中队部分人员调往四团组建四团机务中队。

1969年10月31日，民航总局党委就进一步改革民航体制和制度向军委办事组写了请示报告并转呈毛主席、党中央、国务院，鉴于民航具有管理飞行的特点，需要高度的集中、统一的指挥、严密的纪律，很有必要把民航作为空军的运输航空兵来建设。11月20日，国务院、中央军委向各省、市、自治区、各总部、各大军区、海军、空军转发了毛主席亲自批准的《民航总局党委关于进一步改革民航体制和制度的请示报告》。1971年5月14日，空军司令部文件通知，民航高级航校改名为"中国人民解放军第十四航空学校"，分院更名为"中国人民解放军第十四航空学校第三训练团"，部队代号为"空字137部队"。

1972年2月28日，根据民航总局批示并参照空军轰炸机航校编制，学校司令部就十四航校编制以（72）司军字第03号文件的形式上报民航总局。按照新编制，学校继续保留四个训练团。

1973年4月2日，成指司令部遵照空军司令部（73）司通字第58号文件"关于调整部队代号的通知"精神，将三团代号改为"空字584部队"。

在这一时期，分院在组建初期面临来自三个不同单位的人员、编制整合问题，开始展开飞行训练工作后面临"整风运动""文化大革命"的干扰，期间经历军队和民航管理体制的两次变化以及主力训练机型的调进调出，但仍然坚持飞行训练为主的中心思想不变，齐心协力，克服机构整合、人员融合、体制调整、机型多变、条件艰苦等困难，坚持以飞行训练工作为中心。尽管分院经历多次更名和许多曲折艰难，但由于学院及分院长期由空军代管，因此分院的文化主要体现为军队文化，分院的安全文化主要体现为：严格的管理，严谨的作风，团结协作、甘于奉献和艰苦奋斗的精神。

3、分院体制的第三次改变

1980年5月17日，国务院、中央军委通知民航总局，民航从1980年3月15日起不再由空军代管，成为国务院的直属局，通知明确指出，民航总局是国家管理民航事业的行政机构，统一管理全国民航的机构、人员和业务，逐步实现企业化的管理，民航的方针、政策、规定等重大问题由民航总局拟定，报国务院审批。民航飞行学校列入大专院校序列，学院划归民航管理，进入高等院校序列，分院改名为“中国民用航空飞行专科学校第三分校”。1987年12月，学院升格为本科院校，分院改名为“中国民用航空飞行学院第三分院”。

民航实行义务工役制以来，因受服役年限的限制，影响了技术骨干的稳定和劳动生产率的提高，义务工役制与固定工制并行，存在不少矛盾。鉴于以上情况，国务院、中央军委批准了民航总局、国家劳动总局关于改革民航义务工役制的请示，从1980年起，民航不再补充义务工。

为了在大批义务工退出现役以后，保证飞行训练以及各项工作的正常进行，搞好技术衔接，学校根据民航总局（80）民航第23号文的通知，学校及几个分校于1980年6月、11月分两批招收固定工。1981年3月、11月分两批改工，其余部分义务工分三批退役。至此，学校及分校劳动制度的重大改革全部完成。

1981年6月30日，民航总局（81）民航计劳字第147号文件印发民航飞行专科学校组织系统表（试行），从此，学校由之前的司、政、后三大部变为一部一室七处和纪、工、团，辖四个分校。

1981年秋季，学校首次参加全国高考招生，招收了第一批（27期）大专班学生，三分校也担负起大专班学生的飞行训练任务，这标志着学校正式由中专过渡为大专。

为了使飞行教学真正达到大专水平，分院始终把教育训练作为分院全盘工作的中心任务来抓。经过几年不断探索和总结，教学制度逐渐健全，教学大纲、教材等已基本定型，教学工作逐步走上了正轨，从根本上改变了多年来存在的“教材一期一变”的混乱现象，保证了训练计划在实施过程中的稳定性和严肃性，促进了教学质量的提高。从已毕业的三期大专班飞行学生情况看，飞行基本驾驶术掌握得比较扎实，教学质量有明显提高，受到了接收单位的普遍好评。

1986年12月，学校提出了更改学校校名，实行本科、专科分层次办学的申请。提高办学层次，将飞机驾驶专业从现行的三年制专科改为四年本科，加强学生的基础理论和驾驶技术基本功训练，已是大势所趋，势在必行。1987年12月15日，国家教委批准学校由专科学校升格为本科学院，校名由“中国民用航空飞行专科学校”改为“中国民用航空飞行学院”。三分校由“中国民用航空飞行专科学校第三分校”改为“中国民用航空飞行学院第三分院”。

在这一时期，迎着改革开放的春风，分院飞行训练工作进入新阶段，着手深化教学改革，引入国外训练机型和高教机，借鉴国外培训经验，探索新的飞行人才训练方法。虽然分院深化教学改革，教职工脱掉军装，但分院教学管理仍然沿袭了军校时期的准军事化管理，较好地传承了军校时期的安全文化传统。

4、搬迁中原、世纪华章

20世纪90年代，民航事业快速发展，学院为了在现有基础上提升训练能力，除增加训练飞机和配套的训练装备、设施外，根据训练机型的特点和机场、天气条件，对训练布局做了进一步的调整，提出在洛阳新建一所训练分院。洛阳可训练飞行的天气出现频次高，能有效提高飞机的利用率。在民航局领导和地方政府的大力支持下，学院克服重重困难，几经周折，在河南洛阳市抓紧建设，并将原三分院与原民航洛阳航空站合并，组建了院站合一的洛阳分院，并于1993年竣工。是年8月，三分院搬迁至洛阳，并按照计划与洛阳航空站合并，组成了院站合一的洛阳分院。当年11月，投资1.2亿元的洛阳分院正式开飞。从此，洛阳分院既要负责飞行教学训练，又要保证航空运输生产顺利进行。分院搬迁洛阳后的开飞典礼见图2–24。

图2–24　分院搬迁洛阳后的开飞典礼

1999年5月30日，分院训练一部的2架飞机在飞行训练中发生空中刮碰。这是一起人为原因造成的违章违纪事件，针对此事，分院开展了以“遵章守纪、忠诚老实”为主题，以“查领导、查思想、查作风、查隐患、查落实”为主要内容的安全大整顿，并在飞行队伍中开展“遵章守纪，敬业重道，忠诚老实”三个专题的安全思想教育，对此次事件进行了深刻的剖析和反思。10月，分院召开表彰大会，表彰教员隋洪浩在训练中正确处置一起因设计原因造成调速器轴固定螺钉脱落进入机匣导致发动机严重受损的特情。

2003年9月，民航局、国家安监局在洛阳举行洛阳分院安全飞行40周年表彰大会。在表彰大会上，民航总局授予分院“安全飞行标兵单位”称号，并向分院颁发“航空安全奖杯”。分院安全飞行四十周年表彰大会见图2-25，图中，“四十年辛勤耕耘结硕果，新世纪安全飞行谱新篇”的对联挂在表彰大会的两侧。

图2-25　分院安全飞行四十周年表彰大会

2006年2月，学院在十二届五次全委（扩大）会暨安全工作会议中，向连续三次被评为“质量安全最佳分院”的洛阳分院授予了奖杯和奖牌，对分院的安全工作进行了表彰。

同年6月，洛阳分院新引进的172R型飞机在空中2 000米的不同区域进行了特技的螺旋飞行。组织特技飞行是分院迎接“CCAR-141部驾驶员合格审定”所做的具体工作，完善、提升了我院的飞行训练能力。

2009年3月，4名来自坦桑尼亚的学生在分院经过运七飞机的改装培训后，顺利获得了运七飞机飞行经历证明，这是进入21世纪以来我国采用全英语教学为非洲国家培养的第一批机型改装学生，深化了学院与国际社会的合作。

2013年8月28日，在安全管理的实践中，分院强意识、重过程、抓责任、创方法，成功保证了安全飞行50周年，创造了全球通用航空运行单体（独立运行机构）飞行安全最长时间纪录。

2015年6月，为合理利用资源，提高培训效能，学校将新舟600/B-3456号飞机调往洛阳分院，加入分院训练机队。人民日报号来洛阳分院的场面见图2-26。

图2-26 人民日报号来洛阳分院的场面

2016年10月，分院圆满完成俄罗斯“雨燕”特级飞行表演队保障任务，得到了“雨燕”和航展局方面的认可的同时，也从他们身上学习到了细致严谨和不怕艰苦的作风。

2020年是分院党委提出“第三次创业”的元年。“努力实现训练基地起飞，实现企业改制落地”是分院党委确立的重要年度目标。同年11月，分院在西华机场实现驻训开飞，这是分院落实飞行教学训练“分院+”模式的一项举措，为进一步提高分院飞行教学大纲的符合度、推进学院北方训练网络的布局、扩容分院的训练容量奠定坚实的基础。今后，随着龙门、芮城机场的建成和使用，北方训练网“一心两点多面”的布局将逐步形成，分院将迎来高质量的建设和发展。

20世纪70年代，分院通过抓好技术骨干队伍建设、安全思想教育、安全竞赛活动、飞飞整整、严格执行条令条例、加强思想政治工作，保证了飞行安全，培养出多批飞行员。

20世纪80年代，因学院进入普通高校序列，分院安全文化也逐渐显露出一些普通高校的特点；同时，分院安全工作逐渐受到民航行业管理的影响，在第一时期的基础上体现出更多的民航行业特点：安全管理以行政管理为主，强调安全管理经验的总结与推广，如：“八该一反对”“四不放过”等。

1993年，全国民航安全飞行表彰大会在学院隆重举行，会上宣读了民航总局授予学院三分院“全国民航安全飞行先进单位”荣誉称号的命令。

在安全完成30年的飞行训练教学工作，圆满实现第30个飞行安全年之后，分院被民航总局授予“长期保证飞行安全先进单位”称号，重组后的洛阳分院，坚持把飞行安全放在工作的首要地位，创新思路，在完成飞行教学训练任务的基础上，创造了一个又一个的飞行安全年，延伸和创造着安全工作新的业绩和辉煌。全国民航安全飞行表彰大会现场见图2-27。

图2-27　全国民航安全飞行表彰大会

分院坚持保证安全工作的“四抓一坚

持”做法：狠抓安全工作的组织领导，突出中心工作；抓人员的安全教育，突出预防为主；抓基础建设，突出人才培养；抓作风纪律，突出规章制度；坚持做好思想政治工作，充分调动员工的积极性。各飞行大队形成“帮思想、教技术、带作风”的教风，机务维护部门通过开展“优质安全竞赛活动”、机务维护“样板机”等活动来加强对优良机务维护作风的培育，分院形成了“飞行安全出题目，各行各业做文章”的氛围。

分院搬迁至洛阳20年来，形成了集飞行训练和航空运输生产为一体的发展格局，双业并举，相得益彰，以“安全、质量、和谐、发展”为主线，厚积薄发，快速发展，奏响世纪华章。

四、绵阳分院

（一）分院风貌

中国民用航空飞行学院绵阳分院（以下简称绵阳分院）是学院五个飞行训练分院之一。绵阳分院位于中国西部“硅谷”，科技新城——四川省绵阳市，是一所集飞行教学训练与航空运输飞行保障于一体的从事民航运输机飞行员培训的训练分院。拥有一支思想过硬、作风严谨、技术精湛的飞行教学队伍和完备的飞机质量维护、航务保障体系，分院具有“商用飞行驾驶执照单（单/多发）”、附加仪表等级和“私用飞行驾驶执照”培训能力，承担了我国首批老挝飞行留学生的全英语训练。目前分院具有年训练飞行67 000小时、在培飞行员500名的能力。

分院校区占地304亩，建筑面积3.8万平方米。建有功能齐全的多媒体教室、CBT教室、语音实验室、多功能学术报告厅、体育馆、游泳池、田径运动场、娱乐活动中心、空地勤食堂等教学服务设施。分院办公楼见图2–28。

分院现有的训练机场为民航4D级机场，配备有先进的通信导航设备和对空指挥系统；有AWOS自动气象观测系统；有远距NDB导航台1个，近距NDB导航台2个，全向信标测距台DVOR/DME一套及Ⅰ类精密近进着陆系统；ADS-B航行系统及高强度五级进近助航灯光系统；能确保B757、B737、MD90、MD82、A320、A319等机型在夜间和复杂天气条件下的安全起降。参与了国家863重点科研项目和民航局“RNP飞行程序的设计与研发”工作，使绵阳机场成为国内使用RNP进近程序的机场之一。分院及机场视图见图2-29。

图2-28　分院办公楼

图2-29　分院及机场视图

（二）发展历程

50多年来，绵阳分院始终坚持以人为本、育人为先的原则，突出“质量、安全、和谐”三大主题，在教学组织、运行管理过程中，切实做到责任为首、落实为先、管理为重、实施为需，使每一个人都成为安全飞行的维护者和促进者，不断提高安全管理水平。各级领导把保证飞行安全作为自己的主体责任，带头强化安全意识，突出长效机制和务实特色，运用集体智慧，形成了主要领导亲自抓、分管领导具体抓、其他领导配合抓的生动局面。全体人员认真履行岗位责任，以飞行安全为己任，及时把存在的薄弱环节和安全隐患主动反馈给管理者，并积极提出合理化建议，杜绝了因违规操作和作风粗疏而导致的事故征候发生，为确保持续安全贡献着自己的聪明才智。与此同时，发扬“安全、精飞、求实、创新”的分院精神，对准“安全是飞行教学训练工作永恒的主题”这个聚焦点，勤政务实，齐心协力抓质量、求发展、保安全，建立健全了三级安全管理，分院领导与部负责人签订了《航空安全责任书》，实施了4+2训练组织模式、组建了运行控制中心、优化了机务维护模式等。以抓好飞行、机务、空管三支队伍的思想、技术和作风建设为重点，强化管理，狠抓落实，切实做到从每一个环节入手，提高教学质量和工作质量。

目前，绵阳分院已实现安全飞行16周年，正在向实现更多的飞行安全年迈进。总结绵阳分院组织结构、安全管理发展历史，主要安全管理经验体现在：

一是坚持“安全第一，预防为主”的方针，大力加强安全教育，不断增强安全意识，是保证飞行安全的思想基础。

二是坚持以人为本，下大力抓好三支队伍建设，是保证飞行安全的关键环节。

三是坚持实行落实安全目标责任制，加大安全监察工作力度，是保证飞行安全的有力措施。

四是狠抓各项安全制度的建立和落实，加强特殊情况处置准备，是保证飞行安全的重要手段。

五是坚持训练方针，提高教学质量，是保证飞行安全的技术保障。

六是坚持飞飞整整，开展安全竞赛，是保证飞行安全的有效措施。

1966年12月13日，民航总局根据中国人民解放军空军司司令部〔1966〕参务字第722号批复，下达民航办人字〔1966〕第196号命令：批准建立“中国民用航空高级航空学校第四训练团”。12月22日，在四川绵阳正式宣告成立“中国民用航空高级航空学校训练第四团”（简称四团）。隶属于中国民用航空高级航空学校，其行政管理、党政工作、训练工作、机务工作、后勤供应、干部管理由学校负责。机构设置仿照空军航校训练团的模式，设司令部、政治处、飞行七大队、机务大队、场站（通信分队、气象台），调度室由司令部管理。成立了安全小组，由司令部负责日常的管理工作。1967年3月，飞行八大队正式成立。1969年，中国民用航空高级航校列入空军飞行航校序列；民航实行义务工役制，设司令部、政治处、飞行七大队、飞行八大队、机务大队、场站、警卫连。组织机构见图2-30。

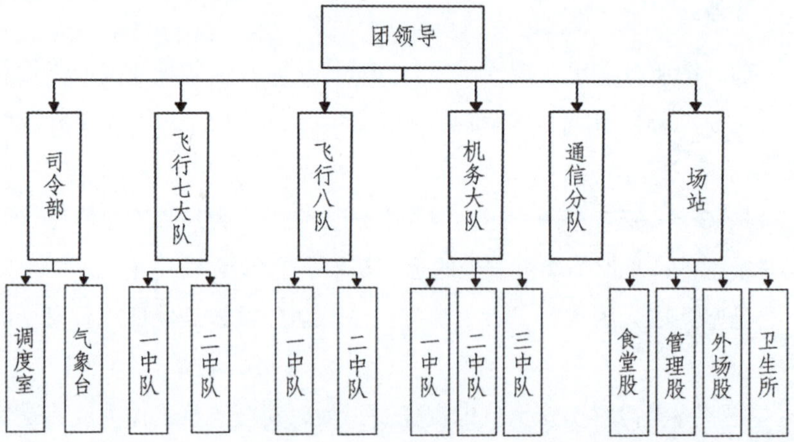

图2-30　1966年中国民用高级航空学校第四训练团组织机构图

1971年5月19日，经中央军委批准，中国民用航空高级航校更名为“中国人民解放军第十四航空学校”，代号为“中国人民解放军空字138部队”。6月27日，根据空军司令部通知，“中国民用航空高级航校第四训练团”改称“中国人民解放军第十四航空学校第四训练团”，代号为空字141部队。领导关系、担负的任务和各项制度不变。1973年6月1日，成指转空司通知，学校及一、二、三、四训练团改用新的代号，第四训练团代号为空字585部队。领导关系、担负的任务和各项制度不变。1975年8月1日，成指转发空司通知，学校及下属各训练团的代号撤销，停止使用。

1981年8月7日，经教育部批准，更名为“中国民用航空飞行专科学校第四分校”，设政治处、院长办公室、飞行七大队、飞行八大队、机务大队、场站、训练科、安全监察科、派出所，党群机构有工会、纪委、团委。1987年12月15日，经国家教委批准，学校升格“中国民用航空飞行学院”，同时，中国民用航空飞行专科学校第四分校升格“中国民用航空飞行学院第四分院”，撤销政治处，设党委办公室、院长办公室、飞行七大队、飞行八大队、机务科、总务科、勤务保障科、训练科、安全监察科、派出所、人事科、财务科。党群机构有纪委、工会、团委。1990年分院成立飞行安全委员会，飞行、机务、场站成立安全领导小组。1993年2月对二级机构重新进行了调整合并。设党委办公室、院长办公室、训练一部、训练二部、机务工程部、教学保障部和总务部七个正处级二级机构和人事科、财务科两个科级单位。党委办公室下辖团委（正科级），设书记1名。1992年5月升格副司级单位。1993年7月30日，根据民航局〔1993〕899号关于飞行学院各分院更改名称的通知，分院更名为“中国民用航空飞行学院绵阳分院”。分院由中国民用航空飞行学院领导。1981年中国民用航空飞行专科学校第四分校的图像资料加图2–31。

图2-31　1981年中国民用航空飞行专科学校第四分校

1995年11月，根据学院增加部分编制的精神，分院成立了安全监察训练部为正处级单位，下设安全监察科、训练科、模拟科。同时，分院飞行安全委员会改名为分院航空安全委员会，航空安全委员会日常工作由安全监察训练部负责。1998年10月，教学保障部更名为航务部，机场派出所变更为分院直属科级单位。至此，分院下设了二室六部八个正处级单位和三个直属科级单位。2001年3月航务部更名为空中交通管理站。2006年1月12日成立飞行十二大队。2011年1月成立离退休科。2011年10月总务部更名为机场运行保障部。2008年11月成立英语教研室，2011年1月成立学生科、运行控制室。2012年2月运行控制室更名为空中交通管理站。2020年调整安全管理体系组织架构，安全监察训练部拆分为安全监察部和飞行训练管理部。

绵阳分院航空安全工作在分院党委领导下，实行三级安全管理，即：分院航空安全委员会、部（站）安全工作领导小组、科安全工作小组。

从建分院时起，分院组织便对各个部门进行定期或不定期的安全检查和整顿。通过安全检查和整顿，一旦发现不安全因素，可以及时采取措施，防止不安全因素向事故转化。

1968年9月，绵阳分院除了不断加强对“稳步前进”方针进行宣传教育外，还在严密组织训练，确保飞行安全的同时认真规定贯彻以下几点：一是组织飞行人员学习《飞行条令》、条例和有关规定，开展飞行四个阶段整顿工作；二是认真做好安全防范工作；三是坚持“飞飞整整”制度，做到警钟长鸣；四是做好保障工作。

1971年2月，召开党委扩大会议，研究制定了保证飞行安全的措施。在飞行大队、机务中队、场站外场股设立监督安全工作小组。在飞行大队开展“学而知之”活动和教学小组插红旗活动；在飞行、机务开展“优质安全”竞赛活动，对在飞行安全中好人好事或不安全因素，采取日公布、周讲评、月评比、年总结表彰或处罚等措施，保证了飞行训练安全。

1974年，组织分院飞行队伍对新条令、条例系统进行学习与贯彻落实，着力推动了分院飞行训练工作。

1978年11月，召开飞行人员和机务人员岗位练兵现场会之后，在分校掀起了岗位练兵热潮，推动了安全工作，分校的安全形势平稳，不仅没有发生等级飞行事故，而且飞行、机务事故征候千次率也有下降。

1983年3月30日，召开会议，传达民航局领导在紧急会议上的讲话精神和有关文件规定，对照检查分院的安全情况，分析影响飞行安全的因素，制定了几项保证安全的措施：一是加强思想政治工作；二是正确处理好进度、质量和安全的关系；三是认真执行规章制度，落实安全措施，使安全工作真正落到实处。

1984年3月，为贯彻落实民航局《关于保证安全的决定》（下称《决定》）和学校《关于贯彻民航局<关于保证安全的决定>的意见》，制定了贯彻执行《决定》的措施。

1991年9月9日，分院召开班组长以上干部大会，院长传达了学院“安全形势分析会”精神，总结了分院开飞以来的情况，对危及安全的人和事进行了严肃的批评，并结合分院当时的实际情况，提出了保证安全的具体要求。

1992年9月8日，分院组织学习《关于确保飞行安全的命令》，开展了安全整顿，尤其是飞行大队对照《十条命令》和《八该一反对》进行自查。同时，将学院印制成册的《十条命令》和《八该一反对》发给每个教职工。

1993年8月30日，学院下发《关于加强飞行安全管理工作的实施规定》，并要求各单位：加强飞行安全工作的领导；严格飞行任务、计划的审批；坚持定期安全形势分析和整顿制度；严格按训练大纲组织训练；强化安全管理；做好机务维护工作，严格搭乘训练飞机的审批手续。同年10月6日，学院制定下发了《关于严格执行检查单制度的实施办法》，要求飞行人员严格按照本机型在飞行各阶段规定的检查程序、检查内容和检查动作实施检查，切实做到口到、手到、眼到，不许背诵，不许简化。

1994年2月22日，分院实施安全整顿工作。整顿的重点是：整顿思想，整顿作风，整顿纪律，以机关的整顿带动全分院，以整顿为突破口，不折不扣地把“严”字当头落实到各项工作中去，努力实现“安全”“安定”两大目标。5月，分院制定并实施了《关于维持飞行现场地面秩序》的规定。

1995年3月28日，分院进行以“查思想，查作风，查隐患，查规章”为主要内容的安全整顿。通过“梳辫子”，分别查出不安全因素45条，制定了消除不安全因素的相关措施。

1996年4月，落实民航局《关于加强通用航空飞行安全工作的通知》《关于加强航空地面安全工作的通知》及学院《关于认真贯彻<关于加强通用航空飞行安全工作的通知>的几点要求》和《关于整顿机场、塔台、停机坪三大秩序的通知》通知要求，分院开展了安全整顿，查找隐患，修订措施。同年8月15日至9月15日，开展“安全教育月”活动，开展了“三查”。

1997年3月23日，为认真吸取“3.23”重大飞行事故教训，分院开展了安全整顿；同年9月10日，分院组织各部门领导学习了《飞行学院航空安全信息报告制度暂行规定》并制定了实施办法。同年10月1日，根据《中国民用航空总局航空安全教育暂行规定》的通知精神和《飞行学院航空安全教育实施细则》要求，分院制定了安全教育实施办法。

1998年3月23日，根据学院通知要求，开展了查安全思想牢不牢、查规章制度落实好不好、查工作质量高不高、查安全管理严不严、查工作作风正不正的“五查”安全整顿，针对查出的隐患制定了整改措施。

1999年3月2日和6月8日，民航总局、学院分别召开了安全工作紧急会议，会议后分院行动迅速，认真贯彻落实。一是召开党委会，查找分院存在的问题和隐患；二是召开干部会，在传达会议精神的同时，分院领导对照“五查”内容查摆存在的问题。3月8日，针对8902号机的“飞行事故征候”，分院停飞两天并进行了安全整顿，查清了原因，明确责任，对责任人进行了处罚。3月23日前，分院根据学院“关于在全院开展安全整顿”的通知精神，在教学训练与整顿两不误的情况下，于3月22日至23日两天分层次进行了安全整顿，共查出问题和隐患11条。6月10日，针对洛阳5·30事件，分院召开安全整顿工作会议。会上，院长耿树华结合分院教学训练质量和安全保障工作，对照“五查”内容进行剖析。

2000年4月6日，分院召开了安全委员会，进行了安全形势分析。4月10日，分院召开了全体人员大会，院长耿树华在会上做了题为“树立科学的辨证唯物主义安全观，正确认识事故，积极主动地做好安全工作”的讲话。要求全体人员做好自己的本职工作，负起自己的责任，把好自己的关口，做出自己的贡献。

2001年5月25日，分院召开贯彻落实国务院《关于特大安全事故行政责任追究的规定》的会议。扎实保证了航空安全，加强了机库、油库、库房和车辆的安全防范工作。

2002年3月25日至28日，在分院训练形势较好，但有松懈苗头时，分院抓住时机开展了“查思想，防麻痹，抓安全形势平稳时保持清醒的头脑；查作风，防松散，抓精力集中，工作到位；查指挥，防接近，抓计划性、预见性，防止危险接近；查管理，防漏洞，抓高标准，严管理；查领导，防失误，抓安全工作的决策”的安全整顿。4月12日，分院针对飞机故障次数增加，训练和教学中存在的不安全苗头以及分院搬迁等工作，及时召开了安全委员会，分析安全形势，讲评安全工作和“争创航空安全最佳分院”活动的开展情况，指出问题的症结，研究对策，查隐患，使平稳的安全形势得到保持。5月17日，开展了以“查领导、查思想、查管理、查作风（学生学风）、查规章”为主要内容的“五查”安全整顿。各单位对照“五查”内容，开展了“群众查干部、干部查群众”的自查、互查、普查。查出隐患18条，制定了整改措施。10月18日，分院召开安全工作会议，第一，提出开展一次“查规章，抓落实”的自查；第二，从讲政治的高度看待安全工作，要切实做到“思想、精力、工作”三到位；第三，抓好飞行、机务、空管三支队伍建设，打牢质量根基；第四，机关要发挥领导的助手和参谋的作用，要深入教学训练、工作场所，检查、督促落实，帮助解决实际问题。12月10日，分院制定了《应急救援处置方案》；该方案对组织领导、应急范围、任务和要求等方面作了规定，为应急救援处置工作打下了坚实的基础。

2003年3月4日下午，分院召开干部会议，要求从根本上打牢安全基础，提高安全防范层次，消除随意性、经验式的操作与管理，杜绝有法不依，有章不循的现象；认真组织“安全生产法，安全规章”的学习；结合安全教育日，在分析安全形势的基础上，做好自我教育，进行自查、自纠，不断增强全员的法规意识，提高全体人员保证安全的责任感和使命感。3月12日，分院的“法规规章贯彻落实年”活动正式启动。5月23日，分院召开安全委员会，布置了开展以“加强全员工作责任心为核心，确保训练与航班飞行安全”的安全整顿。进行了“三有三看”的自查，即：有没有责任心，看敢不敢管；有没有责任心，看勤奋不勤奋；有没有责任心，看创新不创新。10月6日，分院修订了《关于防止飞机发生空中相撞的措施》。

2004年3月10日上午，分院召开安全工作会。对下一阶段安全工作提出了要求：一要对安全工作保持清醒的头脑，防止盲目乐观；二要抓好重点；三要加强组织指挥的研究；四要严把飞行人员身体关；五要加强交通安全管理，防止地面事故发生。7月19日，分院召开安全整顿动员大会，要求：一是振作精神，树立信心，齐心协力，尽快地摆脱困境，走出低谷；二是痛定思痛，血的教训再一次告诫我们："安全责任重于泰山"；三是齐心协力，从头开始，迅速扭转安全工作的被动局面。

2005年3月10日，分院对照航空安全的十条整治内容进行全面自查，针对自查发现的问题逐条制定整改措施，切实解决飞行教学训练和保障工作中的突出问题。4月14日，分院召开安全委员会，对由人为责任原因导致的B-8907号机偏出跑道，造成飞机前起落架折断、螺旋桨打地受损、右机翼擦地的人为责任原因的飞行事故征候及开飞以来的情况进行了剖析和讲评。5月22日，分院召开航空安全专项整治工作会。6月29日，分院停飞，开展了以"回首往事，痛定思痛，展望未来，奋之愈奋"为主题的安全教育和技术研讨。8月3日下午，分院召开了开飞动员暨表彰大会，训练组织方式转变成"4+2"组织模式。11月25日，分院提出了"强化管理打好攻坚战，落实责任实现安全年"的目标。

2006年5月17日，分院召开安全委员会，提出几点要求：一是开展一次以"安全思想，执行规章制度和特殊情况处置准备"为主要内容的安全整顿；二是各级领导干部要集中精力抓好管理和安全工作；三是机务要按照学院的要求对TB飞机喷咀进行全面细致的普查，加强与飞行机组的沟通；四是其他各部门要密切配合并认真做好保障和服务工作。

2007年3月20日至26日，开展了以五查为主要内容的安全整顿。即查思想，防麻痹，在安全形势平稳的时候，要保持清醒的头脑；查作风，防松散，精力要集中，工作要到位；查指挥，防接近，要注意放飞间隔，防止危险接近，要加强计划性、预见性；查管理，防漏洞，标准要高，管理要严；查领导，防失误，要防止领导决策失误，对安全工作造成被动。5月14

日上午，分院召开安全委员会。对下一阶段的安全训练工作提出了要求：一是各项工作都必须在保证安全的前提下进行，要进一步提高训练质量；二是要抓好飞行现场的运行管理；三是飞行大队要注重机型飞行手册的学习和运用；四是针对机型多、新，人员少、任务重，新教师多的特点，飞行大队要采取有效措施搞好新教师的培养和训练；五是要进一步加大鸟害防治力度；六是要做好迎接局方持续检查的准备工作。7月3日，分院召开会议。分院开展以“抓质量，保安全，迎校庆，做贡献”为主题的百日安全竞赛活动。强调扎实做好以飞行教学训练为中心的各项日常安全管理工作；要狠抓各项安全措施的落实，开展“六查”。10月25日，分院召开了“纪念周恩来总理对民航工作重要批示50周年”的安全研讨会。

2008年4月18日，分院召开安全委员会。要求正确认识安全形势，坚决反对盲目乐观，深入开展安全整顿。4月30日至7月31日，分院开展以“落实规章，强化管理，确保安全”为主题的安全生产百日督查专项行动。制定了《绵阳分院飞机燃油使用和监控管理措施》《绵阳分院关于飞行教学训练保障工作的补充规定》；修订下发了《绵阳分院夏季飞行安全及保障工作措施》。

2009年5月29日，分院召开安全整顿动员会，强调此次安全整顿要达到三个目的，即：在思想上要受到一次深刻的教育，更加牢固树立“安全第一、预防为主、综合治理”观念；对本单位的隐患要认真查找，做到心中有数，并制定出相应的整改措施；促使飞行作风、教风、学风，机务维护作风，航务、后勤保障作风和机关工作作风有明显改善。6月29日，分院召开安全飞行五周年暨表彰大会。

2010年1月8日上午，分院召开安全形势分析会。强调要重点做好六个方面的工作，即：一是继续规范教学管理流程；二是着力提高飞行教师的理论水平；三是补充、完善教学课件；四是进一步规范管理实践考试，以考促教；五是做好数字化飞行大队的交流、推广工作；六是继续开展好“着陆技术教学研讨和检查”工作，并布置了以“查管理，查系统，查落实”为主题的安全整顿。3月19日，分院制定下发了《关于开展航空安全检查工作的通知》，开展了一次安全形势分析和安全隐患排查整治工作，排查中发现了涉及人员培训、训练计划/指挥、发动机使用、特情处置准备等的19项问题。4月9日，分院召开“贯彻落实学院安全运行形势分析会”会议。对如何把好技术、天气、飞机、身体、思想“五关”提出了要求。7月19日，分院召开了安全形势分析会。院长徐立剑对下半年工作提出要求：高度重视空军走训及航班的协调和组织指挥，防止危险接近和出现相撞；继续抓好英语工程建设；抓好数字化大队系统完善和推广，提升教学质量和学生管理效能；规范运控中心的运行管理；抓好对新进人员尤其是新教师的培训工作；抓好学生管理改革与创新；抓好宣传思想工作。8月25日上午，针对“伊春空难”，分院召开了安全工作紧急会议，对分院近期的安全形势进行了分析，并就下阶段的安全运行工作提出了具体要求：一是要持续加强职工的安全教育；二是严格高教机的运行，合理搭配机组，增强程序规范性和作风严谨性；三是机务要切实加强对飞机的维护、保养工作，确保出机质量；四是空管要努力提高天气预报的准确度，注意航班的备降、空军走训，同时加强对空管设备的维护；五是总务要做好后勤保障工作，及时、准确通报航油储备情况；六是各单位要不断推进从业人员的作风建设；七是要加强对各行业标准的掌握，严格法规、规章的落实。

2011年7月29日上午，分院召开安全工作会议。要求各单位：一是要结合部门特点把会议精神传达到每一个人，严把天气、人员、飞机“三关”；二是全体人员要集中精力，恪尽职守，扎扎实实做好安全工作，特别是飞行、管制和指挥员要做好防止空中相撞，防止危险接近的工作；三是指挥员和管制员要通力合作，确保航班与训练的安全；四是要特别关注人员的思想状态，防止简化工作程序，避免丢、错、漏现象的发生；五是要坚持以人为本的原则，稳字当头，合理搭配好机组，防止急躁冒进，确保稳中求进，好中求优，切实把握好安全、质量、进度的关系，凸显“安全是最大的政治”。

2012年5月1日至9月30日，分院开展打击违章操作、治理纠正违章操作的“打非治违”专项行动。8月23日上午，分院召开安全委员会议，开展“查工作作风、飞行作风是否严谨；查岗位责任是否落实；查组织指挥、规章制度、上级领导的要求是否贯穿教学工作的全过程；查领导精力、细心的工作程度是否达到一定的高度”为主题的安全整顿，分管领导分别深入飞行、机务、空管，参加并指导整顿工作。

2013年6月9日，分院召开“传达贯彻全国民航航空安全”电视电话会议。要求各单位提高认识，统一思想，落实责任；要切实把好学生单飞标准，不断提升学生特情处置能力，高度警惕，杜绝减化流程，杜绝人为违章；要从规章、责任、隐患、作风、措施、落实等方面开展自查；要坚持稳中求进的原则，进一步改进工作作风，加大安全隐患排查力度，做好安全宣传和监察工作；要加大管理力度，对人为违章实施“零容忍”，齐心协力为持续安全多做贡献。7月15日，分院召开紧急安全工作会议。学习相关规定、运行手册、运行过程、飞行区行走路线、换人点上下飞机的内容。学习学院、分院172飞机通电的运行规定；加强对职工行政管理的教育。查运行手册及各项规定是否得到了落实，查各单位是否把学院、分院的要求落实会议传达会议，是否落实了检查。9月26日，分院召开安全形势分析会，提出了下阶段安全工作重点：一是认真做好防相撞工作；二是机务做好“五防”工作，降低点火系统的故障率；三是强化训练过程管理，提高训练质量；四是加强安全监管，惩处违章行为，治理不良习惯。11月29日，分院召开专题会议，要求：各单位要认真组织全体人员学习习近平总书记重要讲话，切实把认识统一到习近平总书记的讲话精神上来；要把党的群众路线实践教育活动与分院开展的“百日安全竞赛活动”结合起来，切实履行好单位的主体责任、领导的领导责任、监管部门的监督责任和员工的岗位责任；要按照“全覆盖、零容忍、严执法、重实效”的要求，加大监察力度，对检查发现的隐患实行“零容忍”，实行一票否决，为夯实分院航空安全目标和明年开好头、起好步奠定坚实的基础。12月5

日，分院召开紧急安全工作会。部署“两查一完善”（查组织管理、查安全基础、完善规章制度）工作。

2014年2月25日上午，分院召开传达“民航局2月21日航空安全电视电话会议精神”干部会。强调：要牢固树立“安全就是政治，安全就是最大的任务，安全就是最大的幸福”的观念。3月10日，针对学院“3·8”事件，分院召开了安全委员会暨安全整顿工作会，部署了安全整顿工作。5月15日，分院召开安全委员会暨安全形势分析会。会议指出：正视运行中存在的问题和不足，严格标准，抓好细节，优化作风，不断提升规章制度和程序的执行力，筑牢安全基础；要正确处理好“安全、质量、进度”的关系。7月1日下午，分院开展了油库储油罐火灾应急处置演练活动。9月11日，分院安全委员会成员在分会场参加了学院召开的首次视频航空安全运行形势分析会议。

2015年1月29日，分院召开2014年安全标兵评选会，安委会委员和部分“工代会、教代会”代表参加了会议。3月10日，分院召开了安全委员会。要求：扎扎实实做好本职工作；加强各类手册、法规、规章、制度的学习，提高执行力；严把天气、人员、飞机关等。4月17日，分院召开安全委员会暨安全形势分析会。要求：梳理运行中存在的隐患和问题，制定针对性的措施；严把各项关口；防止工作中降低标准、简化工作程序；要狠抓人员思想作风建设，加强业务培训；提高应急处置能力；要持续做好防相撞工作和机务“六防”工作。8月20日下午，分院召开暑假后新学期的第一次安全委员会暨飞行训练预先准备会，围绕“两个核心”“三个重点”，认真仔细开展自查，并制定措施，抓好整改落实；要加强对学生安全教育，保持机坪良好秩序。11月26日，分院启用航空安全自愿报告微信公众号。

2016年1月11日，分院召开了安委会，针对近期安全训练工作、冬季运行特点，对寒假前各项工作提出了具体要求。3月9日下午，分院与空军驻站部队召开了防相撞协同会。修订并完善了《绵阳南郊机场军民航管制协议（暂行）》。3月10日，分院召开了安委会。对安全训练工作及春季运行特点提出了具体要求。

2017年9月11日，分院召开了安委会暨安全形势分析会，强调统一思想，认清形势，防止思想松懈麻痹；领导干部确保思想、精力、工作“三到位”；中教机深夜航训练工作。10月10日，分院召开了安全委员会，强调做好以下几点：学院下半年安全大检查的各项准备工作，局方“四不两直”突击检查，新教师的培训工作，100LL航油更换，秋冬换季，空管站“大运控”建设。11月13日，分院召开了安全委员会，强调注意以下几点：机老旧维护，飞行大队合理安排训练计划，训练管理以及模拟机（练习器）管理的相关规定。12月7日，分院召开“三会合一”（学院月度安全形势分析视频会、分院预备会、安委会），会上强调：梳理规章底线和诚信红线意识，严格规章标准，依法训练；针对学院安全形势分析会上提到的教风学风问题，要眼睛向内，坚持分院好的传统；加强研究，梳理分院在教风学风中的不足，以学生为本，提高真情服务意识。

绵阳分院是全国民航文明单位、全国民航抗震救灾先进集体、四川省社会治安综合治理模范单位、绵阳市文明单位、绵阳市爱国卫生先进单位、安全生产先进单位、园林绿化先进单位、市级“爱国主义教育基地”。丰富的校园文化、一流的育人环境、严谨务实的学风，为学生的成长提供了良好条件。

绵阳分院在汶川地震中涌现出的抗震精神，是绵阳分院校园精神的重要体现，也是绵阳分院在安全管理上付出努力的映射。汶川地震是自中华人民共和国成立以来破坏力最大的一次地震，直接受影响的严重受灾地区面积达10万平方千米，共遇难69 227人，受伤374 643人，失踪17 923人，直接经济损失达8 451亿元。绵阳分院距地震带的垂直距离不足40千米，也不可避免地遭遇了巨大灾情。

作为绵阳市抗震救灾空中救援成员单位，绵阳分院竭尽全力配合地方抗震救灾和保障民航、部队直升机救灾飞行，开展志愿服务工作，为夺取抗震救灾斗争胜利做出了重要贡献。地震发生后，绵阳机场成为了全国最繁忙的支线机场，大量救援人员和物资通过空中通道紧急支援绵阳。分院教职工24小时坚守，随时提供管制、气象、情报、通信导航等服务，确保了抗震救灾的蓝天生命线畅通。保障航班467架次，直升机飞行2 014架次，军、民航救援飞行231架次，重要飞行及调机102架次，党和国家领导人专机安全起降绵阳机场40架次——这是地震发生后的两个月，在应对不断发生的余震和努力做好抗震自救的同时，绵阳分院交出的机场空管保障成绩单。机场空管现场保障见图2-32。

图2-32　机场空管现场保障

道路中断，通信中断，上万群众受困，生命危在旦夕——震后的平武南坝镇成为信息孤岛。“灾区告急！灾情就是命令，救灾就是责任”。5月14日，学院贝尔直升机B-7744号机从新津机场调至绵阳机场投入抗震救灾一线，这也是学院飞往灾区投入抗震救灾任务的第一架飞机。

此次任务中，时任绵阳分院的院长欧阳霆（现中飞院副院长）执行了平武南坝的飞行任务，从灾区带出了最新的灾情信息。“一切为了救灾，一切为了群众”。飞行学院用自己的行动，庄严地履行着这所驻绵高校的社会责任。研究灾区飞行方案的场景如图2–33所示。

图2–33　研究灾区飞行方案

5月26日，唐家山堰塞湖排险战打响。部队抗震救灾联合指挥部决定，在擂鼓镇设立临时指挥站，绵阳分院负责调停米–26直升机与其他飞行的冲突。此后的十多天里，分院8名飞行指挥员先后奔赴擂鼓，在余震不断、沿途危机四伏、直升机起降地飞沙走石的情况下，安全指挥调配了飞行冲突，直到悬湖险情解除。

“空中导航，保障有力”——绵阳分院获得国家水利部和四川省人民政府的锦旗和奖励的具体情况见图2–34。

图2-34 “空中导航，保障有力”

“拥军的先锋模范抗震的坚强后盾”“蓝天情深心相连，合力制胜抗天灾”，一面面锦旗，诉说着学院和人民的鱼水情深具体见图2-35。

图2-35 “拥军的先锋模范 抗震的坚强后盾”

距离汶川地震发生已经过去12年，我们不怠再次向逆行者、勇敢者致敬！这场汶川地震灾难中形成的“万众一心、众志成城，不畏艰险、百折不挠，以人为本、尊重科学”的“抗震救灾”精神，既是分院奋力向前的动力，也是分院的精神组成。铭记，是一种前行的力量！

五、遂宁分院

（一）分院风貌

中国民用航空飞行学院遂宁分院（简称遂宁分院）是学院五大飞行训练分院之一。遂宁分院坐落于中国观音文化之乡——四川省遂宁市，现驻遂宁南坝机场。2012年8月31日，经民航局批准，在中国民用航空飞行学院航空站（简称遂宁航站）的基础上组建遂宁分院。经过筹建准备，于2013年3月，分院正式组建运行，肩负着扩大学院飞行训练能力的重任。遂宁分院综合楼如图2–36所示。

图2–36　遂宁分院综合楼

遂宁分院具备五大职能，具体为：人才培养（以承担飞行技术专业实践类课程为主业）、科学研究（实用性技术应用）、社会服务（支持地方经济发展）、文化传承创新（“九字经”“人民送我学飞行，我学飞行为人民”）、国际交流合作。分院人才培养的目标是培养出政治坚定、作风优良、理论扎实、技术精湛、身心健康、具有创新精神和实践能力、富有社会责任感的高级应用型人才。

遂宁分院占地面积为164公顷（2 460亩），机场飞行区等级指标为2C，跑道为1200米×30米，有标准夜航灯光系统、VOR/DME导航台等一整套运行设施。除作为遂宁分院的基地以外，还承担着广汉、绵阳、新津三个分院的转场保障任务和绵阳分院的学生驻训教学任务，也是学院航空工程学院学生的机务实训基地。遂宁机场运行现场如图2–37所示。

图2–37 遂宁机场运行现场

（二）发展历程

遂宁分院从成立初期的6架飞机、2台模拟练习器，逐步发展到2018年的飞机24架（C172初教机20架、PA44中教机4架）、模拟练习器4台

（C172初教机3台，PA44中教机1台），2020年飞机47架（172R初教机11架、C172S初教机29架、PA44中教机7架）、模拟练习器6台（C172初教机5台，PA44中教机1台）。在教学保障设施方面，分院有3个机库可容纳飞机38架，机坪共有停机位36个，已作好年飞行训练约6万小时的基础。承担的课程有：航线运输驾驶员（飞机）整体课程、私用驾驶员执照训练课程（单、多发飞机）、仪表等级训练课程（飞机类）、商用驾驶员执照训练课程（单、多发飞机）、基础教员等级训练课程（单、多发飞机）、基础教员等级训练课程（单、多发飞机）等等。

分院成立七年来，已安全飞行时间累计23.5万小时（其中2013年为4 597.85小时、2014年为16 750.6小时、2015年为23 678小时、2016年为27 130.33小时、2017年为37 141.8小时、2018年为41 550.3小时，2019年为47 017.4小时，2020年的数据截止2020年11月为37 097.8小时）。训练能力逐年提升，安全形势持续平稳，特别是2017年的训练量突破3.7万小时，同比净增1万小时、同比增幅达到37%，以仅占学院总量10%的飞机资源，便实现了对全院训练总量14%的贡献率。2018～2019年的训练总量连续突破4万小时，已成为学院教学训练新的增长点。

遂宁分院确立了“高起点、高标准、高质量，建设优质安全特色分院”的奋斗目标；弘扬和践行“艰苦创业、勤俭办校，迎难而上、敢创一流”的分院精神；时刻牢记“提质增量、打造教学训练新的增长点”的使命担当，始终坚持“打牢基础，锻炼队伍，提升能力，稳中求进，规范管理，确保安全”的训练工作总要求，在学生管理方面，分院坚持准军事化管理，坚持“安全第一，生命至上”理念，传承“帮思想、教技术、带作风”的“九字经”，努力培养“飞得高、飞得远、飞得正”的高质量飞行人才。飞行十三大队先后获得2013～2014年度民航西南地区“青年安全生产示范岗”和2015年度全国民航“青年安全生产示范岗”，飞行十三大队二中队获得2018年度民航“青年文明号”荣誉称号，2015年分院获得全国“安康杯”优胜单位荣誉，2016年分院党委被评为民航先进基层党组织。

遂宁分院自成立以来，已连续安全飞行8年，并向着更加长久的安全运行目标迈进，总结遂宁分院管理方法、手段如下：一是加强组织领导，落实安全责任。强化党政同责和安委会职能发挥，完善安全体系建设，定期召开安全形势分析会和飞行预备会，不断提高安全管控能力。二是强化安全监察，加强风险防控。遂宁分院以运行检查、管理评估和风险识别为重点，抽选专业人员建立监察队伍，实行现场监察和行业纵深检查相结合的模式，建立了常态排查、分级治理的机制，实现安全工作专业化。三是深化信息研判和制度规范。遂宁分院以安全形势分析会为抓手，通过模块化、精细化的月度监察工作报告和年度安全工作评估，“以信息分析把握形势特点、以绩效指标判断安全趋势”，加强安全文化和应急文化建设，牢牢掌控安全工作的主动权。

遂宁分院安全管理的优秀传统和管理手段，溯其根源，是“红色传承”。遂宁分院作为一支有着光荣历史的队伍，沿着“老二团”“遂宁航站”的光辉足迹一路行走。遂宁航站秉承“远举高飞，博学笃行”的校训，认真贯彻“安全第一，预防为主”的方针，坚持“两个文明”一起抓，严格执行关于保证飞行安全和空防安全的各种规定，严密组织、精心指挥，扎实地做好各项保障工作，自建站到分院成立的这段时间，均较好地保证了航空安全和飞行训练任务的完成，连续安全飞行20年。1991～2012年遂宁机场本场起落数据如图2–38所示。

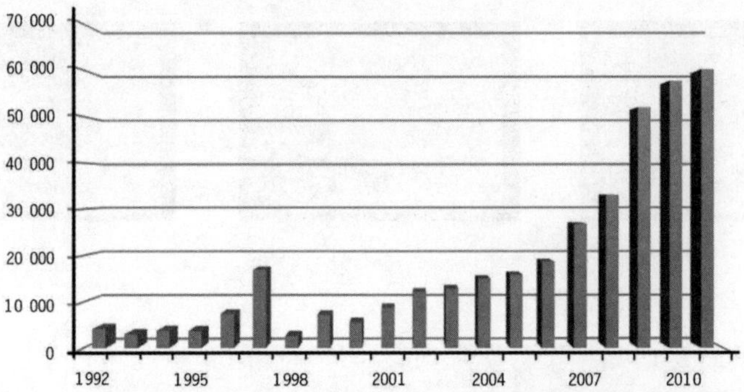

图2–38　1991～2012年遂宁机场本场起落数据

2007～2012年遂宁机场驻训飞行时间如图2-39所示。

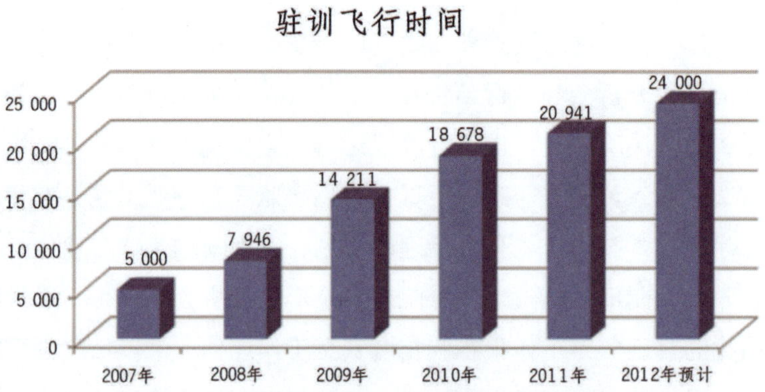

图2-39　2007～2012年遂宁机场驻训飞行时间

遂宁航站先后获得了“四川省社会治安综合治理模范单位”“民航社会治安综合治理先进集体”“四川省部门绿化百佳单位”和“2011年度全国‘安康杯’竞赛优胜单位”等荣誉。具体如图2-40所示。

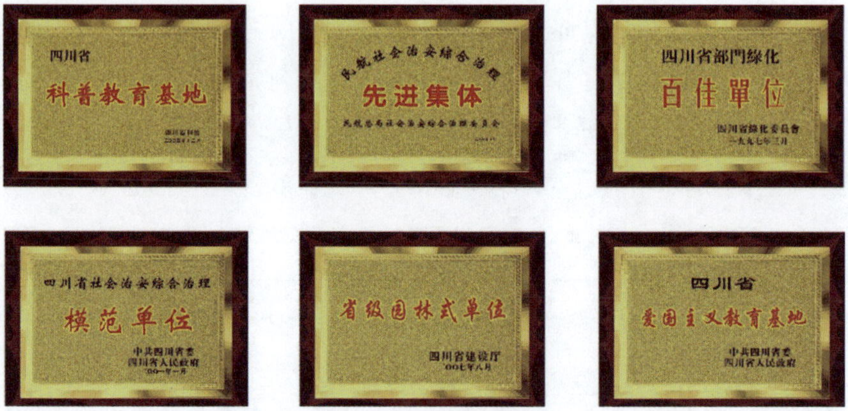

图2-40　遂宁航站荣誉

遂宁航站是1992年飞行学院训练布局调整时，从原飞行学院二分院分离出来的，原分院的前身是空军第十一航校一团，经民航局〔1992〕551号函批准，于1992年5月宣布成立。遂宁航站是飞行学院领导下的辅助飞行教学训练实体，规格为正处级，主要为飞行学院新津、广汉、绵阳分院的转场和分流训练提供塔台指挥、通讯导航、飞机过站维护、航油供给以及人员食宿等保障服务；同时，还为国防科研、战备训练和防灾救灾等提供通信导航和航空气象等服务。遂宁航站见图2–41。

图2–41 遂宁航站

遂宁航站初成立时，设有纪委、工会、党委办公室（团委）等党群机关，设有办公室、飞行训练安全监察科、机务科、航务管理科财务科、总务科、派出所等行政机构。1993年9月，增设监察室、监察室与纪委合署办公。1998年10月，人事机构从办公室剥离，设立人事科。同年10月，中国民用航空飞行学院对遂宁航站核编定员，编制（试行）为198人。2000年末，实有职工206人，其中干部84人，工人122人；党员97人，团员22人，群众87人；大专以上学历41人，中专（含高中）学历80人，初中以下学历85人；中级技术职称3人；女职工34人。遂宁分院成立后按照“精简、高效”的思路，设置飞行十三大队、十四大队、十五大队、机务工程部、空中交通管理站、机场运行保障部、安全监察训练部、党群工作部、行政办公室以及四个直属科：人事科、财务科、派出所、退休科，共13个部门。2020年，为推进SMS体系建设进程，调整了安全管理体系组织架构，安全监察训练部拆分为安全监察部和飞行训练管理部。

（1）遂宁航站20年安全发展。

1992年5月，民航局批准组建遂宁航站，规格为正处级。7月，航站正式开飞。1993年9月，航站组建消防分队，承担机场辖区内的消防任务，由派出所管理。1995年11月，遂宁机场固定塔台工程竣工。1996年，新津分院在遂宁机场组织分流训练。

1997年2月，遂宁机场排洪沟改造工程竣工。3月，航站被四川省绿化委员会授予“四川省部门绿化百家单位”荣誉称号。1997年，新津和绵阳分院在遂宁机场组织分流训练。

2000年2月，遂宁机场跑道延伸工程竣工，跑道延长为1 200米。2001年1月，遂宁机场A机库竣工，航站机场公路工程竣工；航站荣获四川省“社会治安综合治理模范单位”称号。10月，航站被民航局授予“社会治安综合治理先进集体”称号。

2002年7月，航站组织了“建站暨保证飞行安全10周年”庆祝大会；航站完成机场围界工程，机场实现封闭式管理。

2003年3月，学院与创新工业园区签订老营区土地置换协议，初步确认新区的建设规划。7月，航站被省委青教办命名为“四川省青少年爱国主义教育基地”。12月，航站被省科协命名为“四川省科普教育基地”。

2004年3月，初教机单飞训练全面铺开，绵阳分院学生机长训练开始转场遂宁。4月，航站成立新区建设领导小组，新区于9月开工建设。

2005年3月，绵阳—遂宁目视航线启用。11月，航站搬迁新营区，并于12月18日举行了搬迁庆典。

2006年4月，新津分院入驻航站进行分流训练。

2006年5月，遂宁机场DVOR/DME台建设工程竣工。8月，遂宁航站作为学院的辅助运行基地，取得局方CCAR-141部/91部临时合格证。9月，遂宁机场ADS–B系统正式投入使用。

2007年8月，航站被省建设厅命名为“省级园林式单位”。12月，学院和遂宁市政府就遂宁机场迁建事宜达成《市校合作协议》。

2008年6月，航站与新津分院签订了《新津驻遂宁分流训练安全监管协议》。7月，民航西南管理局、民航四川监管办、民航西南空管局和学院相关人员到航站就遂宁机场DVOR/DME飞行程序设计进行调研；遂宁机场管制指挥正式实施分频。

2009年3月，遂宁机场简易进近灯光工程竣工验收，于5月份通过校飞；航站训练保障实行“4+2”模式；遂宁机场气象通播系统启用。10月，遂宁机场仪表飞行程序和助航灯光系统成功试飞，夜航训练铺开。具体情况见图2–42。

图2–42　夜航训练

2010年3月，遂宁机场启用1.8公里天气标准，夜航训练时间延长至21点。9月，航站参加遂宁市“五五”普法成果展，被授予“支持普法公益事业爱心单位”称号；学院“十二五”规划出台，遂宁分院列入学院“6321”战略规划。

2011年3月，遂宁机场塔台安装了ADS–B无线网络；航站组织开展“安康杯”竞赛活动，获得了学院“优秀组织奖”，并被中华全国总工会评为“2011年度全国‘安康杯’竞赛优胜单位”。9月，航站视频监控系统建设完成。

2012年4月，民航局人教司就组建遂宁分院事宜来遂调研。

（2）遂宁分院安全发展谋划。

近期，遂宁分院在发展进程中，面对人力资源紧张、专业队伍结构层次较为年轻、设施设备老旧、基础建设仍然薄弱等问题，分院从以下几个方面着手解决。

一是加强分院人才队伍的统筹规划，积极争取安全管理专业人才的引进，同时进一步内部挖潜，加强班组人力资源管理，创新安全工作运行模式。

二是持续重视专业队伍培训。分院将继续加强对飞行、机务、空管、航务、安全等人员的培训和教育，坚持内培外送，结合三基建设，抓好复训、新教职工培训环节，积极开展技能比武和专业竞赛活动，不断提升专业队伍水平。

三是加强统筹规划，抓好基础设施建设。分院将立足实际，精打细算，在对老旧设备设施进行局部更新改造的同时，进一步加强和完善分院基础设施，最大限度地适应分院当前发展和安全管理的需求。此外，分院将积极配合学院和遂宁市政府做好新机场建设工作，促进新机场建设的顺利推进。

从2009年起，遂宁机场迁建安居会龙镇的工作被摆上了重要日程。遂宁机场的迁建，不仅能够从根本上解决城市发展规划与民航飞行训练的矛盾，促进地方经济和航空运输业发展，而且在改善飞行学院的教学训练条件、提升安全保障能力、扩大飞行培训能力方面，也有着重要意义。迁建后的遂宁机场功能定位为训运结合，规划占地3 300亩，按4D级标准设计，4C级标准建设，预计年客运吞吐量逐步达到30万人次，货运吞吐量逐步达到万吨以上，项目投资约20亿元。届时，遂宁机场可起降夏延、奖状、新舟等高教机，形成初、中、高教机一体化训练格局，飞行时数可达6万小时以上，年培训能力将超过300人。新机场规划图见图2-43。

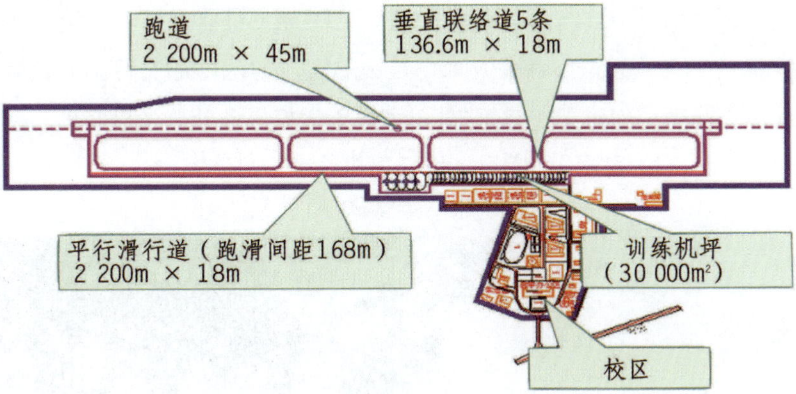

图2-43　新机场规划图

2020年9月安居新机场跑道建设情况见图2-44。

图2-44　2020年9月安居新机场跑道建设情况

六、飞机修理厂

（一）修理厂风貌

中国民用航空飞行学院飞机修理厂（简称飞机修理厂）坐落在四川省广汉机场，占地面积13万平方米，是民航飞行学院内部实行企业化管理单位。飞机修理厂创建于1958年4月，隶属于学校机务处。飞机修理厂前身是学校理训处机械系下属的实习工厂。飞机修理厂见图2-45。

图2-45　飞机修理厂

飞机修理厂以修理通用飞机、发动机和航空部附件为主业，为飞行教学训练服务。飞机修理厂符合《民用航空器维修单位合格审定规定》CCAR-145-R3部对飞机维修单位及其维修能力要求，是经中国民航适航当局批准的航空维修单位。主要业务覆盖整机修理、发动机翻修和航空器部附件修理三大领域，具有多种型号飞机、活塞发动机、螺旋桨、航空器部件的翻修和修理，零部件深度修理、零件自制等能力，同时还提供通用航空技术培训和维修技术支援。是SOCATA TB20、TB200、Cessna172、Piper系列飞机及LYCOMING、大陆发动机、Hartzell、McCAULEY螺旋桨OEM厂家授权的维修中心，是美国GARMIN公司、HONEYWELL公司和S-TEC公司OEM厂家授权的维修中心。中国发动机厂商授权证书见图2-46。

Continental Motors
Certificate of Conformance
Civil Aviation Flight University of China
Piston Aircraft Engine Repair and Overhaul Center
CMI has observed and provided guidance during the testing of CMI IO-360-ES(26)B Engine Serial Number 1010048 used as a demonstration test article on CAFUC Test Cell FX-HT Serial Number 02. This is to certify that the test cell conforms with the design of the IO-360 engine and the test procedures used by CAFUC are consistent with the IO-360 Engine Overhaul Manual approved by the Federal Aviation Administration of the United States of America. Therefore, CAFUC is qualified to perform post-repair testing of IO-360 engines subject to the regulation and approval of the Civil Aviation Administration of China.
Awarded by Continental Motors, Inc.
This 29th day of May, 2014
William J. Stromberg
Associate VP, Sales and Customer Service

图2-46　中国发动机厂商授权证书

飞机修理厂根据自身需求，设计并研发多项飞机、发动机和机载设备加改装方案，并申请获得局方的MDA批准，积累了丰富的适航认证经验和技术，为促进通用航空的发展提供了丰富的技术和智力支持。Y5B飞机改装国产H5发动机获通航首个STC取证，TB200飞机0号框MDA修理获通航首个MDA取证，加装人工增雨设备获首个MA600飞机STC取证，TB20/200/PA44飞机轮胎获MDA取证，夏延飞机加装人工增雨设备获MDA取证。

飞机修理厂同时以服务全国通用航空发展建设为目标，先后与湖北蔚蓝国际航空学校有限公司、青岛九天国际飞行学院股份有限公司、山东南山国际飞行有限公司、珠海中航飞行学校有限公司、四川西林凤腾通用航空有限公司、四川龙浩飞行驾驶培训有限公司等106家通航公司建立了维修服务、技术支援、飞机组装、托管等合作协议，成功举办了五期莱康明发动机维护培训班，为通航机务维修外场服务搭建了交流平台。

（二）发展历程

飞机修理厂经过60多年的发展，实现了从单一机型到多机型、从简单修理到翻修、从修理国内制造到修理国际制造的历史性跨越，并荣获多项重大奖励，如表2-1所示。工厂的组织机构、人员设置和基础设施建设、设备配置也经历数十年的历史沉淀和积累，获得质量管理体系ISO9001：2015的认证认可，也这是飞机修理厂安全运行和安全管理的关键所在。

表2-1　飞机修理厂获奖奖项

项目	获奖等级
航空活塞发动机连杆维修理论及应用	中国航空学会科技技术奖三等奖
莱康明活塞发动机连杆配重开发修理研究	中国民航局二等奖
TB20飞机增设手摇泵应急放起落架系统	中国民航局三等奖
莱康明发动机直接驱动式发动机翻修技术开发研究	中国民航局三等奖
莱康明发动机凸轮轴和液压平面挺杆体磨损研究	中国民航局三等奖

修理厂机构设置几经变化。1958年8月，将编制定为“一部三组”，即厂部和飞机附件组、特设组、机械组。1960年6月，专业组改为车间，工厂下设三个车间：飞机车间、机械车间和特设车间。1969年8月，所有车间改称中队。1972年5月，中队易名为连。1978年8月，各连又复称车间。1990年6月，修理厂升格为处级，在机构设置上作了相应调整。1998年6月，实行内部企业化管理，针对机构设置进行了调整和增加。

飞机修理厂历史剪影如图2-47所示。

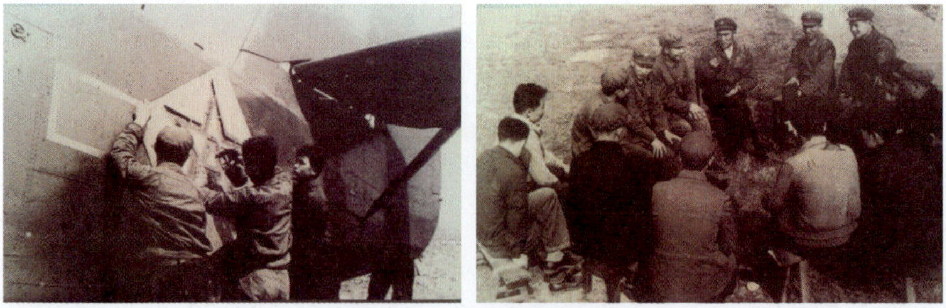

图2-47　飞机修理厂历史剪影

2000年，修理厂为进一步细化职能，提升管理能效，机构设置如图2-48所示。发展到2020年，共计设有四个维修车间，十一个职能科室，2020年机构设置如图2-49所示。

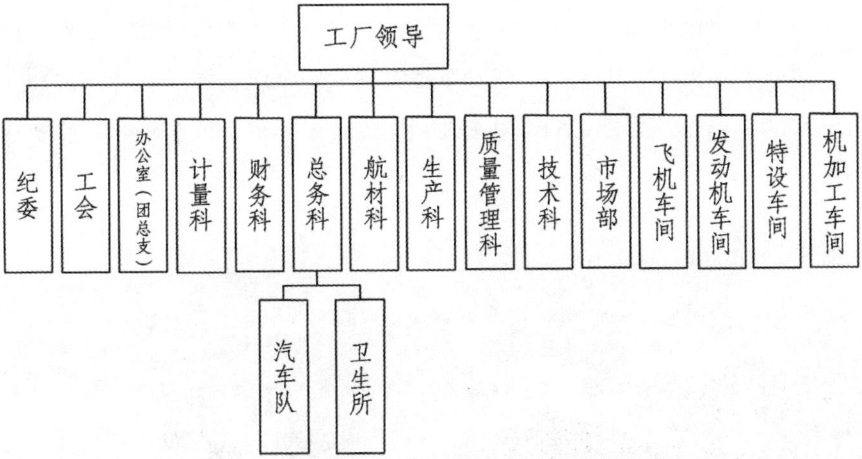

图2-48　2000年飞机修理厂机构设置图

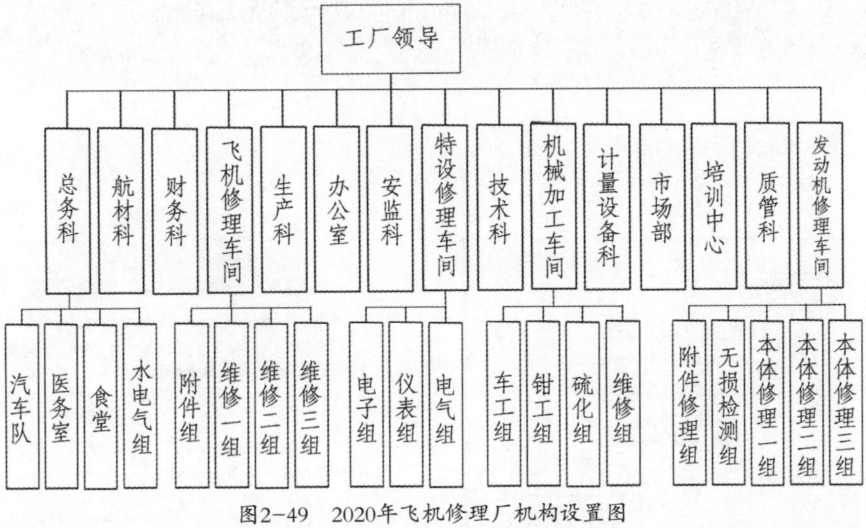

图2-49　2020年飞机修理厂机构设置图

飞机修理厂四个维修车间主要职能如下。

（1）飞机修理中心主要从事对Y5、Y5B、TB20、TB200、172R、PA-44-180、R44等型号的飞机的翻修、检修工作；从事对172R型号飞机的组装、螺旋桨翻修、检修工作；从事对Hartzell螺旋桨、调速器的翻修、检修工作；从事对McCauley系列螺旋桨、调速器以及飞机附件的修理工作。同时，还会完成如：172R型号飞机刹车油缸支架固定腹板加强改装、172R飞机FS108#隔框裂纹修理、TB200飞机0#框改装修理等加改装项目、飞机损伤修复等的超规范修理等工作。飞机维修中心现场见图2-50。

图2-50　飞机维修中心现场

Hartzell、EADS、Cessna等厂商授权证书见图2-51。

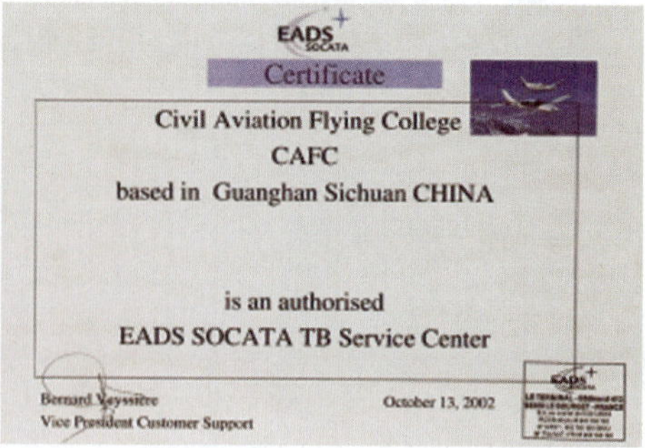

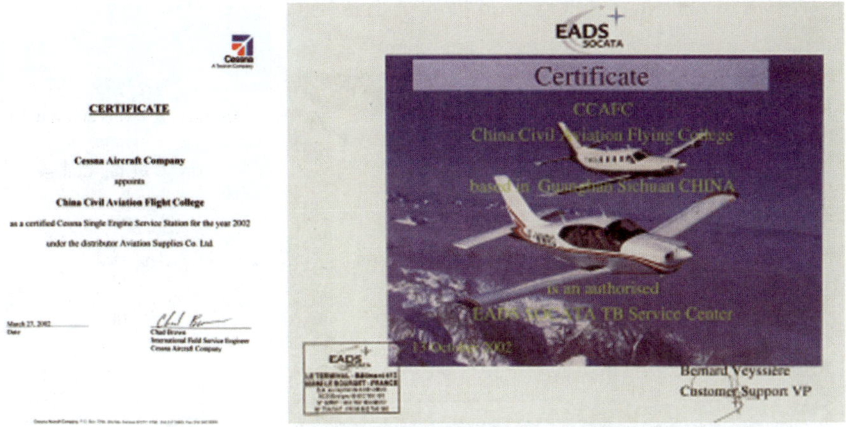
CERTIFICATE

Cessna Aircraft Company

appoints

China Civil Aviation Flight College

as a certified Cessna Single Engine Service Station for the year 2002

under the distributor Aviation Supplies Co. Ltd.

March 27, 2002
Date

Chad Brown
International Field Service Engineer
Cessna Aircraft Company

图2-51　Hartzell、EADS、Cessna等厂商授权证书

（2）特设修理车间主要从事对飞机机载设备的修理，包括电子设备修理、仪表修理、机电设备修理。1989年，经美国BENDIX/KING公司培训认可，飞机修理厂成立了中国第一家BENDIX/KING维修中心，并成立了Honeywell公司电子设备维修服务中心、GARMIN航空产品维修中心、S-TEC公司电子设备维修服务中心。特设修理车间现场见图2-52。

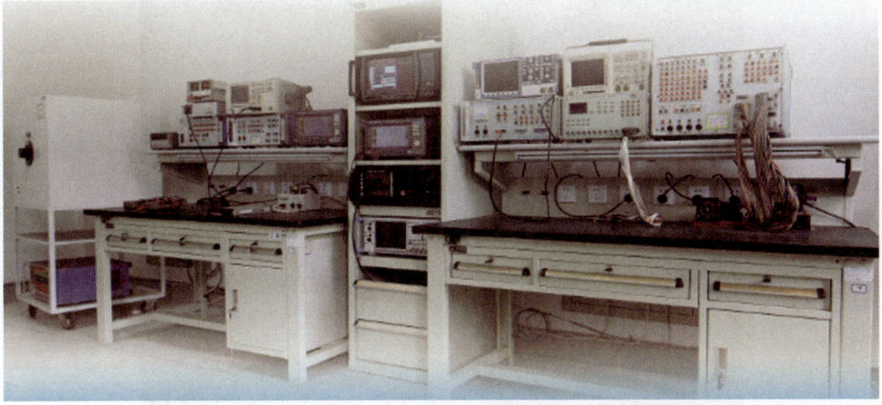

图2-52　特设修理车间现场

BENDIX/KING、S-TEC厂商授权证书见图2-53。

图2-53 BENDIX/KING、S-TEC厂商授权证书

（3）发动机修理中心是美国莱康明LYCOMING发动机公司和大陆发动机公司的授权维修中心，具备对LYCOMING360系列、540系列、720系列和大陆IO-360-ES系列发动机的维修能力，涉及近二十种具体的发动机型号，同时，车间还具有完整的发动机附件维修能力和无损检测能力。发动机修理中心现场见图2-54。

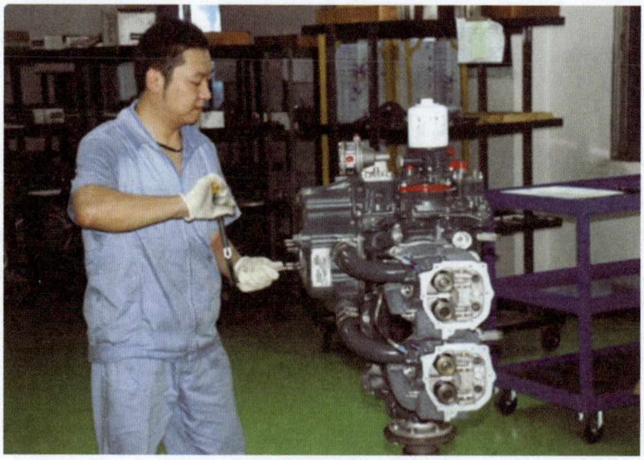

图2-54 发动机修理中心现场

LYCOMING发动机公司和大陆发动机公司的授权维修中心见图2–55。

图2–55　LYCOMING发动机公司和大陆发动机公司的授权维修中心

（4）机械加工中心主要承担发动机核心部件的深度修理（如机匣、连杆等）、飞机零部件的加工制造、特种作业（如焊接、热处理等）、专用工装制造工作。机械加工中心设备见图2–56。

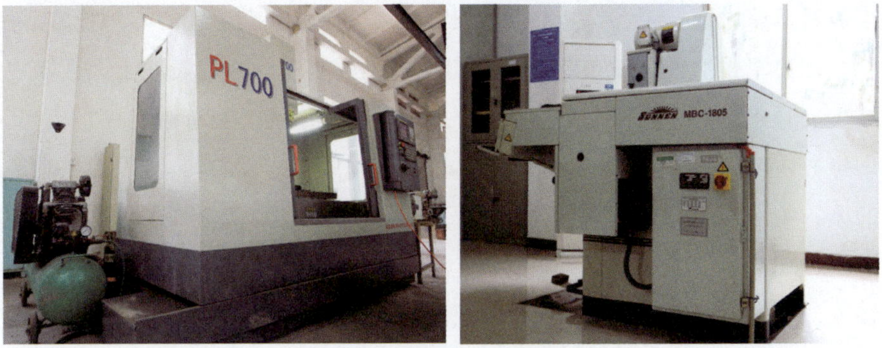

图2–56　机械加工中心设备

计量检定部门是具备三级计量检定资质的计量机构，无损检测中心能进行涡流、渗透和磁粉各型航空部件的在位和离位测试。

航材科采用新型阁楼式货架存储航材，配备了自动温湿度控制系统，辅以便捷的航材管理软件，用现代化的仓储管理模式为工厂的维修工作提供强有力的航材保障。

现代化仓储见图2-57所示。

图2-57　现代化仓储

建厂初期的1958年，修理厂职工还不足30人。而在1960年年末，职工人数便增至98人。从1969年11月开始，学校实行义务工役制度，修理厂员工数量迅速增加。到1971年12月，职工人数达到351人。1981年3月，国务院、中央军委批准民航系统不再执行义务工役制度，修理厂职工人数随之减少。是年12月，全厂职工总数201人。2000年年底，实有职工167人，其中机务人员121人，党政和后勤保障人员46人。机务人员中，大专以上学历37人，中专学历46人，高中学历27人，初中学历11人，分别占机务人员的30.6%、38%、22.3%、9.1%。具备专业技术职称33人，其中高级1人，中级15人，拥中级职称的占机务人员总数的12.4%。凡机务人员均获得上岗证，有72人获得《民用航空器维修人员基础执照》，69人获得机型执照，分别占应获执照人数的80%、76.7%。有27人获得《民用航空器维修人员检验执照》，10人被授予整机放飞权。2020年的现有职工人数为177人，机务维修人员134人，其中教授、教授级高级工程师3人，高级工程师5人，工程师28

人，研究生16人，大学专科及以上学历90人，是一支技术攻关能力强、维修经验丰富、作风过硬的团队。

飞机修理厂在打造通用航空维修基地的进程中，注重对技术人员的培养和科研项目的开发，先后建立通用航空器维修技术研究所、通用航空器维修关键技术开发与应用重点实验室、通用航空器维修技术研究中心等，承担了省部级科研项目21项，并取得重大成果，获得国家发明专利和国家实用新型专利32项，发表专业学术论文238篇，出版学术著作（教材）13部。荣获“民航局科学技术奖”二等奖1项、三等奖3项、“四川省科技进步奖”三等奖1项。具体今年工厂专利见表2-2。

表2-2 近年各工厂专利

专利名称	专利号
《航空活塞发动机曲轴配重衬套孔磨削夹具实用新型专利》	ZL 2011 2 0030854.6
《航空活塞发动机连杆大头孔轴线垂直度检测装置》	ZL 2011 2 0030875.X
《飞机发动机直喷式燃调慢车活门组件用垫片》	ZL 2013 2 0412334.0
《飞机发动机燃油喷射器用慢车摇臂弹簧》	ZL 2013 2 0412375.X
《ADF650和ADF650A信号转接适配器》	ZL 2013 2 0419259.0
《无线电自动定向仪天线信号模拟器》	ZL 2013 2 0419102.8
《直升机用收发机安装支架》	ZL 2013 2 0418660.2
《安装航空活塞式发动机活塞和涨圈的工具》	ZL 2014 2 0467476.1
《飞机用发动机安全保险方法》	ZL 2013 1 0290922.6
《一种简易弯管装置》	ZL 2016 2 1178608.4

修理厂的设施和设备随着修理任务的变化不断更新和改善。2000年使用的厂房始建于1975年，1980年竣工投入使用。占地面积13万平方米，房屋建筑面积2.87万平方米。其中机库面积为2 260平方米，跨度40

米，深36米，层高13.3米，可单独停放Y5飞机6架或Y7飞机2架，机库两侧为工作间，库内安有2吨行吊2台，并设有36伏低压电源和冷气动力管路。喷漆工作间，建筑面积2 118平方米，可容纳TB型飞机6架或Y5飞机4架，内设有可相互隔离的准备间、喷漆间、干燥间，以及配电、通风、退漆、漆雾净化、小件喷漆等工作间，辅助设施有休息室卫生间和洗澡间。钣金工作间的建筑面积为843平方米，设有钣金、油箱修理等6个工作室，各室均有压缩空气相通和36伏低压照明及动力电，能承担YS飞机全部钣金修理任务。附件工作间的建筑面积为1 007平方米，没有螺旋桨桨叶、起落架、液压附件喷砂、研磨散热器等15个修理工作室，室内装有0.5T行吊1台，安有蒸气加热管道和压缩空气管路，能承担Y5和TB型飞机全部附件修理。特设工作间的建筑面积为1 523平方米，有内场电气、仪表无线电和电子修理等工作室42间，安装有独立的多种电源供电系统，能承担Y5、TB型飞机机载电气、仪表、无线电的大修。机械加工工作间共有4幢，总面积为2 827平方米，有车、钳、铣、磨和热加工、电镀等工种，主要承担飞机零件生产及机械加工，工作间内安有2T行吊、WX-009深孔内园磨床、3M龙门刨床、座标镗床和各类车床38台。发动机工作间的建筑面积为1 348平方米，其设备能承担直接驱动式发动机的翻修及部附件的修理，对Y5、Y7、TB和夏延飞机的零部件可进行磁力、超声波涡流和渗透探伤工作。锅炉房的建筑面积为236平方米，装有卧式锅炉1台，蒸发量为2T，能满足退漆、喷漆加热及油箱清洗的需要。空气压缩机室面积为302平方米，安装3M3压缩机2台，高压机1台，负担全厂使用压缩空气。除上述机务工作用房外，还有航材库、汽车库等配套设施，这些设施布局合理，功能齐全。

飞机修理厂成立初期，只能进行简单的零附件修理和机械加工。由于学校领导对该厂的重视，该厂技术力量日益增强，修理范围不断扩大。1960年3月，大修Y5型飞机获得成功。1969年2月，大修初教六飞机试飞合格。1987年后，随着TB和夏延飞机的相继引进，修理项目有了较大的突破。1995年12月，民航总局向修理厂颁发维修许可证，许可维修项目包括Y5飞机大修；TB20飞机2 000小时大检修；活塞五发动机各级定检（含换发）及两年油封后的启封和再油封；HC-C2YK-IBF/F8447-4、HC-C2YK-IBF/F7666A-2螺旋桨密封件更换；10-540-C4D5D发动机各级定检（含换发）及30天、60天油封与启封；飞机称重；航空机载设备修理清册ACRF.001、ACRF.002、ACRF.003限定的修理项目。1996年后，许可维修项目逐年增加，到2000年12月，先后增加的许可维修项目有哈策尔小型恒速自动变距螺旋桨翻修；KNR634/A和5IRV-4B导航接收360-AIB6发动机各级定检；TB20飞机修理；TB200飞机200小时大检修；10-机起落架收放动作简翻修；美国莱康明公司生产的10-540系列直接驱动式发动机翻修；美国莱康明公司生产的10-360系列直接驱动式发动机翻修；AW-2及AW-2-30型螺旋桨翻修：Y5B（K）、Y5B改、Y5B（D）型飞机翻修；ASZ-621R-16发动机各级定检、换发；ASZ-62IR-16发动机3个月、6个月油封、启封：莱康明10-720系列发动机翻修：莱康明10-540系列发动机翻修；航空机载设备修理清册ACRF006限定的修理项目；波音737-200型飞机客舱座椅检修修理厂已获得两个国外挂牌的修理许可证，即苯迪克斯/金氏服务中心的电子修理许可证；莱康明公司的莱康明发动机修理许可证。1960年至2000年末，修理厂中修Y5型（含安2）飞机96架，大修Y5（含安2）型飞机285架，大修初教六型飞机85架，TB20和TB200型飞机2 000小时大检修118架。翻修10-540发动机59台，翻修10-360发动机43台。2012～2019年维修飞行、发动机数量如图2-58所示。

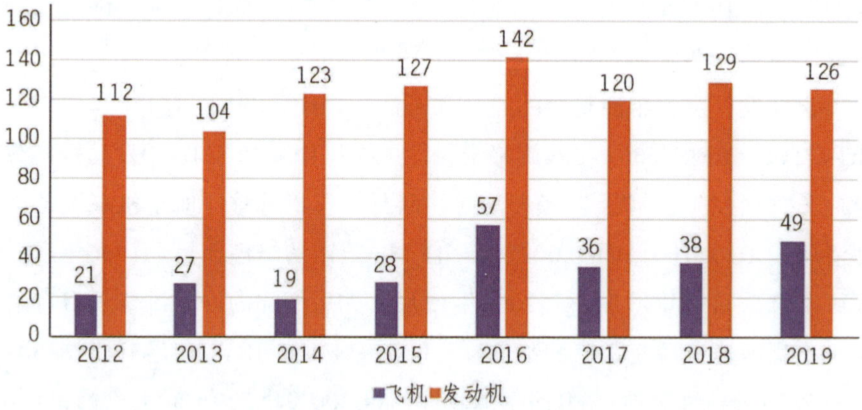

图2-58　2012-2019年维修飞机、发动机数量

修理厂在机务维修工作中，发扬自力更生，艰苦奋斗精神，开展群众性的技术革新活动，自制工具设备，不断改善维修条件，提高维修水平。当前，工厂正全面贯彻党的十九大精神，以习近平新时代中国特色社会主义思想为引领，抢抓我国通航大发展的历史机遇，着力开展CESSNA172、PA44飞机等机型的机体损伤、结构失效、加改装、超规范的自主修理研究；开发SR20、DA40、DA42飞机机体复合材料无损检测和修理能力；开发Lycoming（莱康明）涡轮增压式发动机、Austro（奥斯特）发动机、Austro（奥斯特）发动机减速箱、MT螺旋桨、Hamilton螺旋桨等翻修能力；开发Lycoming（莱康明）发动机核心部件、DA42、DA40、R44、269飞机的部附件、机载设备修理能力，力争将工厂建设成国内最大、实力最强的通用航空维修基地。

第三章
安全管理机构沿革

一、第一时期：成立之初

1956年7月，学校司令部下设飞行训练处，该处既是主管学校飞行训练的职能部门，又是负责学校航空安全的管理机构。

1971年6月10日，根据上级指示精神，经校党委常委讨论决定，由校司令部和政治部联合下发《关于建立安全小组问题》的通知，在校团两级司令部设立三至五人的安全办公室，其工作任务为：

（1）用毛泽东思想教育群众，宣传群众，提高路线斗争觉悟，开展群众性的安全运动，确保单位安全；

（2）安全小组主要负责飞行、机务和地面安全工作，重点是抓好飞行安全，防止事故发生；

（3）上情下达，下情上达，深入调查研究，分析形势，掌握规律，认真总结经验，及时地向党委提出保证安全的建议，当好安全“参谋”。

随即，校、团两级成立了安全小组，学校安全小组在飞行训练处设立办公室。

1980年，学校设立飞行安全监察处，与飞行训练处“一套机构，两块牌子”。1984年4月，学校成立飞行安全委员会，校长任主任，两个飞行副校长任副主任，成员由校有关部门领导组成，办事机构设在飞行训练处。

1985年1月10日，民航局下发《飞行安全监察工作规则》（简称《规则》），《规则》明确提出飞行专科学校设飞行安全监察处。其任务是：贯彻预防为主的方针，对飞行安全工作实行严格的监督检查，维护飞行安全法规，对飞行事故提出结论性意见，等等。

1986年5月学校成立飞行安全监察处，粟义华任副处长，编制2名安全监察员。

二、第二时期：第一次合并与拆分

1990年6月，学院飞行训练处与飞行安全监察处合并，成立飞行训练安全监察处，专管飞行训练和飞行安全工作。

1995年9月，飞行训练工作与飞行安全监察工作分开，分别成立了飞行训练标准处和航空安全办公室。航空安全办公室在院长、主管副院长的领导下，负责航空安全的管理工作。学院机构调整文件见图3–1。

从1990年开始，学院建立了对飞行安全工作实行学院、分院（公司、航站）、训练部（机务工程部等）三级管理的体制。学院和分院两级分别成立了飞行安全委员会，训练部成立安全领导小组，分别负责各自辖属范围内的飞行安全工作。学院飞行安全委员会的成员由学院主要领导、分管领导和机关主要业务部门的领导组成。学院飞行安全委员会是学院对飞行安全实施综合管理和监督的权威性机构，对学院飞行安全负责。学院飞行安全委员会的职责主要包括贯彻上级安全指令，制定安全措施；健全监控体系，完善监督职能；开展思想教育，增强安全观念；加强安全检查，评估安全现状；总结典型经验，实施安全奖惩等八项内容。1995年，学院飞行安全委员会改名为航空安全委员会，对委员会成员进行了调整和补充。是年9月，航空安全办公室成立，航空安全委员会的日常工作由航空安全办公室承办。

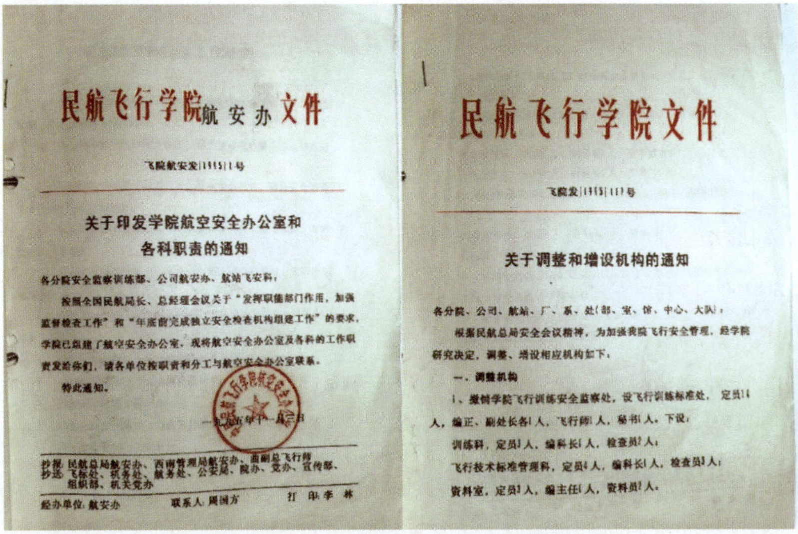

民航飞行学院航安办文件

飞院航安发(1995)1号

关于印发学院航空安全办公室和各科职责的通知

各分院安全监察训练部、公司航安办、航站飞安科：

按照全国民航局长、总经理会议关于“发挥职能部门作用，加强监督检查工作”和“年底前完成独立安全检查机构组建工作”的要求，学院已组建了航空安全办公室，现将航空安全办公室及各科的工作职责发给你们，请各单位按职责和分工与航空安全办公室联系。

特此通知。

一九九五年十一月[illegible]日

抄报：民航总局航安办、西南管理局航安办、面副总飞行师
抄送：飞标处、机务处、航务处、公安局、院办、党办、宣传部、组织部、机关党办

经办单位：航安办　联系人：周国方　打印：李林

民航飞行学院文件

飞院发(1995)(11)号

关于调整和增设机构的通知

各分院、公司、航站、厂、系、处(部、室、馆、中心、大队)：

根据民航总局安全会议精神，为加强我院飞行安全管理，经学院研究决定，调整、增设相应机构如下：

一、调整机构

1、撤销学院飞行训练安全监察处，设飞行训练标准处，定员14人，编正、副处长各1人，飞行师1人，秘书1人。下设：

训练科，定员3人，编科长1人，检查员2人；

飞行技术标准管理科，定员4人，编科长1人，检查员3人；

资料室，定员3人，编主任1人，资料员2人。

图3−1　学院机构调整文件原件

三、第三时期：第二次合并与拆分

2001年1月，为贯彻全国第三次教育工作会议和全国高校后勤社会化改革工作会议精神，落实中组部、人事部、教育部《关于深化高等学校人事制度改革的实施意见》和《四川省人民政府办公厅关于进一步加快高等学校后勤社会化改革的通知》的要求，抓住高等教育大发展和国家实施西部大开发战略的历史机遇，深化改革，加速发展，学院经反复研讨论证，并报民航总局批准，决定对院部二级机构进行调整。飞行安全标准处与航空安全办公室合并，成立飞行安全技术处，共同履行飞行训练、飞行标准和安全监察职能。

学院此次机构调整的基本思路为：坚持“以飞为主，综合发展”的方针，进一步解放思想，转变观念，精简机构，剥离后勤，加速地面教育发展，形成以学院机关、理论教学实体、训练实体、后勤实体为基本框架的“小机关，多实体”的总体格局，实现学院管理模式与运行机制的根本转变。

2004年6月，按照教育部对普通高等学校本科教学工作水平评估的要求，为了适应学院新办专业教学及管理的需要，加强学生的日常教育和管理工作，加强招飞工作，加强飞行技术和航空安全管理，强化学院的法律事务工作，根据2004年6月17日至18日学院常委扩大会的决定，学院做出针对有关机构编制的调整。飞行安全技术处增设综合管理科。

2006年11月，学院撤销飞行安全技术处，飞行训练工作与飞行安全监察工作再次分开。学院成立飞行训练标准处，级别为正处级，下设飞行技术标准管理科、飞行训练科、综合管理科。总编制14名。飞标处设处长1名，副处长1名，飞行师1名；飞行技术标准管理科设科长1名，助理3名；飞行训练科设科长1名，助理2名；综合管理科设科长1名，翻译1名，助理2名。飞行人员执照理论考试中心与飞行训练标准处合署办公，实行“一个机构，两块牌子”，设主任1名，级别为正处级。学院成立航空安全运行管理办公室，级别为正处级，下设安全监察科、运行管理科、信息管理科。总编制11名。航安办设主任1名，副主任1名；安全监察科设科长1名，安全监察员2名；运行管理科设科长1名，运行助理2名；信息管理科设科长1名，信息管理员2名。机构调整的文件见图3–2。

学院航空安全管理工作是在学院党委的统一集中领导下，实行三级管理体制，分为学院航空安全委员会，分院、修理厂航空安全委员会，分院、修理厂二级机构安全工作领导小组。此次机构调整，学院航空安全委员会下设航空安全委员会办公室，设在航空安全运行管理办公室，作为其常设机构和执行机构，负责开展学院航空安全管理日常工作。

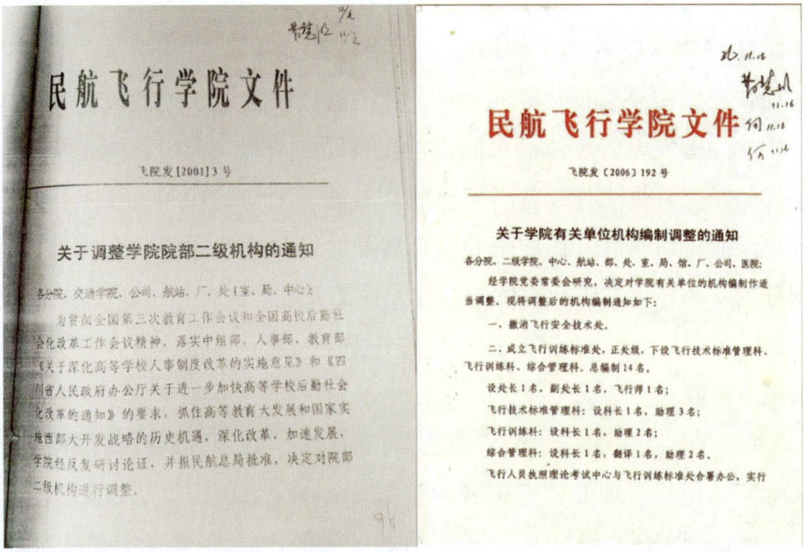

民航飞行学院文件

飞院发〔2001〕3号

关于调整学院院部二级机构的通知

各分院、交通学院、公司、航站、厂、处（室、局、中心）：

为贯彻全国第三次教育工作会议和全国高校后勤社会化改革工作会议精神，落实中组部、人事部、教育部《关于深化高等学校人事制度改革的实施意见》和《四川省人民政府办公厅关于进一步加快高等学校后勤社会化改革的通知》的要求，抓住高等教育大发展和国家实施西部大开发战略的历史机遇，深化改革，加速发展，学院经反复研讨论证，并报民航总局批准，决定对院部二级机构进行调整。

民航飞行学院文件

飞院发〔2006〕192号

关于学院有关单位机构编制调整的通知

各分院、二级学院、中心、航站、部、处、室、局、馆、厂、公司、医院：

经学院党委常委会研究，决定对学院有关单位的机构编制作适当调整，现将调整后的机构编制通知如下：

一、撤消飞行安全技术处。

二、成立飞行训练标准处，正处级，下设飞行技术标准管理科、飞行训练科、综合管理科，总编制14名。

设处长1名，副处长1名，飞行师1名；

飞行技术标准管理科：设科长1名，助理3名；

飞行训练科：设科长1名，助理2名；

综合管理科：设科长1名，翻译1名，助理2名。

飞行人员执照理论考试中心与飞行训练标准处合署办公，实行

图3–2　机构调整文件

四、第四时期：SMS体系建设

为优化完善飞行训练安全管理体制机制，提升安全管理水平和能力，发挥学院在通用航空安全管理领域的示范引领作用，学院于2015年5月正式启动SMS建设工作，并在航科院指导下，学院SMS项目组完成了安全调研、人员培训、手册与工作程序编写、系统平台一期建设等方面的工作。针对航科院《飞行学院安全管理工作改进方案》中指出的“学院安全管理组织机构设置存在安全管理与运行管理、标准管理相交叉”的问题，以及依据2017年7月民航局《驾驶员学校质量管理体系和安全管理体系指南》，同时结合学院飞行训练安全管理实际，学院SMS项目组就优化学院及分院安全管理机构和岗位制定了方案，以保证各层级、各岗位安全管理职能的发挥。

2016年9月，经2016年7月7日召开的学院第十二次校务会、2016年7月15日召开的校党委第九次常委会研究决定，在航空安全运行管理办公室增设调查科，编制4名。设科长1人，调查员3人（调查员设飞行岗位1人、机

务岗位1人、其他专业岗位1人），人员根据工作实际逐步配备。

在2018年学院党委十四届二次全委（扩大）会议报告中，学院党委将“加快推进安全管理体系（SMS）建设落地，实施系统性改革和模式调整，优化完善安全管理体制机制，重新布局安全管理部门架构，实现安全管理部门独立开展工作，提升安全管理效能”列为2019年主要工作任务。为此，学院SMS项目组在调研并综合多方意见和建议的基础上，再次对学院及分院安全管理机构和岗位调整设置重新进行了优化。

2020年5月，经2020年1月9日学院党委会2020年第一次会议研究，一致同意以下内容。

（1）在学院层面：①设安全总监1名，由学院分管训练副院长兼任；②航空安全运行管理办公室更名为航空安全办公室（简称“航安办”）；航安办增设副主任1名；增设安全培训科，设科长1名，安全培训员2名；原信息管理科更名为安全信息科，设科长1名，安全信息员2名；③飞行训练标准处、机务处、空中交通管理中心、航空油料管理处、基建与机场处、公安局和医院等在不新增人员岗位情况下，由1名单位领导负责安全管理，设安全助理1人，人员由各单位自行调配。

（2）在分院层面：①安全监察训练部拆分为安全监察部和飞行训练管理部；②飞行训练管理部设主任1名、副主任1名；③安全监察部设主任1名、副主任1名；安全监察部增设安全信息科，设科长1名，安全信息员2名；保留安全监察科，设科长1名，安全监察员2名；④安全监察部或飞行训练管理部主任由分院飞行师和安全监察训练部主任兼（担）任，无飞行师的分院，安全监察部或飞行训练管理部主任按程序选任；⑤飞行大队、机务工程部、空中交通管理站、机场运行保障部、公安分局/派出所等在不新增人员岗位情况下，由1名单位领导负责安全管理，设安全助理1人，人员由各单位自行调配；⑥飞行大队飞行助理更名为安全助理。

（3）原航空安全运行管理办公室运行管理科整体划入飞行训练标准处，与综合科合并，科室名为运行管理科；飞行训练标准处增设质量管理科。

机构调整的文件见图3–3。

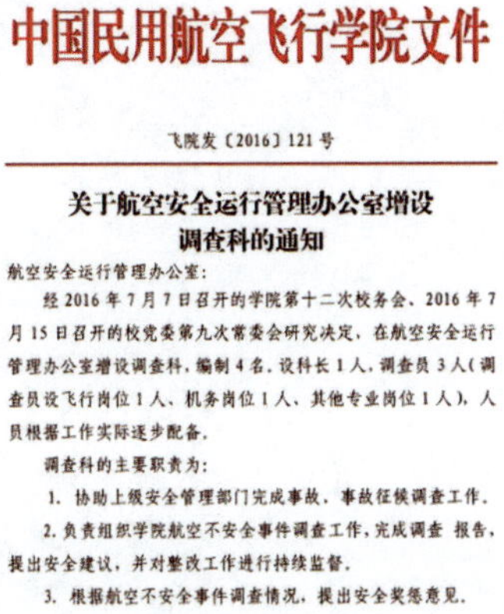

中国民用航空飞行学院文件

飞院发〔2016〕121 号

关于航空安全运行管理办公室增设调查科的通知

航空安全运行管理办公室：

经 2016 年 7 月 7 日召开的学院第十二次校务会、2016 年 7 月 15 日召开的校党委第九次常委会研究决定，在航空安全运行管理办公室增设调查科，编制 4 名，设科长 1 人，调查员 3 人（调查员设飞行岗位 1 人、机务岗位 1 人、其他专业岗位 1 人），人员根据工作实际逐步配备。

调查科的主要职责为：

1. 协助上级安全管理部门完成事故、事故征候调查工作。

2. 负责组织学院航空不安全事件调查工作，完成调查 报告，提出安全建议，并对整改工作进行持续监督。

3. 根据航空不安全事件调查情况，提出安全奖惩意见。

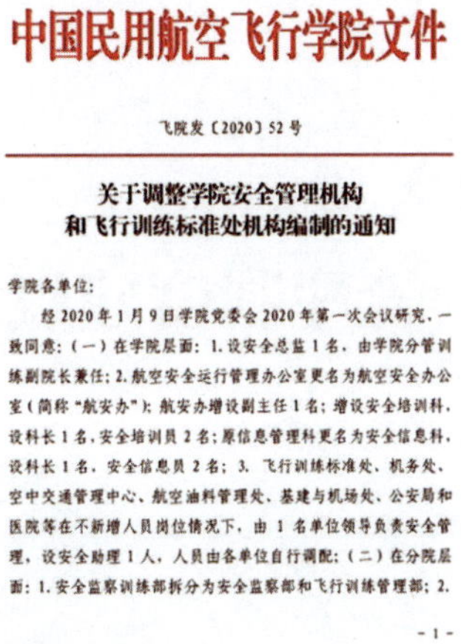

中国民用航空飞行学院文件

飞院发〔2020〕52 号

关于调整学院安全管理机构和飞行训练标准处机构编制的通知

学院各单位：

经 2020 年 1 月 9 日学院党委会 2020 年第一次会议研究，一致同意：（一）在学院层面：1. 设安全总监 1 名，由学院分管训练副院长兼任；2. 航空安全运行管理办公室更名为航空安全办公室（简称“航安办”）；航安办增设副主任 1 名；增设安全培训科，设科长 1 名，安全培训员 2 名；原信息管理科更名为安全信息科，设科长 1 名，安全信息员 2 名；3. 飞行训练标准处、机务处、空中交通管理中心、航空油料管理处、基建与机场处、公安局和医院等在不新增人员岗位情况下，由 1 名单位领导负责安全管理，设安全助理 1 人，人员由各单位自行调配；（二）在分院层面：1. 安全监察训练部拆分为安全监察部和飞行训练管理部；2.

- 1 -

图3–3　机构调整文件原件

此次机构调整，航空安全运行管理办公室正式改名为航空安全办公室，学院SMS体系的安全管理框架正式建立，并且此次机构调整涉及分院、飞机修理厂、模拟机训练中心、运行支持部门的飞行训练与航空安全管理机构，这意味着学院飞行训练运行与航空安全管理工作彻底分离。部门间的关系示意图见图3–4。

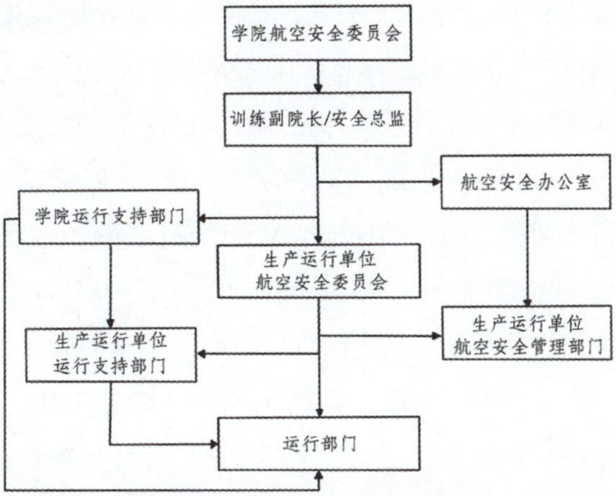

图3–4　调整后的部门间关系

第四章
安全管理制度建设

一、第一阶段：探索管理阶段

学校建校初期的飞行训练，一直是按照飞行四个阶段进行组织和实施的。1961年4月，中国人民解放军总参谋部颁发了《中国人民解放军飞行教令》和《中国人民解放军飞行教令补充规定》，这是组织和实施飞行的基本依据。特别是《飞行教令补充规定》是为适应中国人民解放军航空学校组织和实施飞行的特点而制订的，学校把学习和严格执行《飞行教令补充规定》作为各级党委的一项重要工作来抓。1963年初，全校组织学习《飞行教令补充规定》和《教学工作条例》（以下简称《教令》《条例》），校党委强调要严格按照《教令》《条例》组织开展教学训练。1964年2月中旬到3月中旬，集中各团军政一把手和机关部分科、处干部分两期进行《教令》《条例》职责集训。集训中就教学训练的有关问题进行了深入讨论，校党委审批下发了讨论记录，要求把教学训练工作，完全统一到《教令》《条例》上来。接着在二团组织了按教令实施飞行训练的试点工作，随后在全校进行推广。

1969年，全校整顿飞行四个阶段工作，健全飞行值班制度，恢复了飞行前的思想、技术、身体“三摸底”和思想、技术、身体、机务、天气“五把关”制度。空军1974年版《飞行条令》《飞行条令补充规定》印发后，民航总局即下发了关于学习、贯彻新条令和民航《飞行条例》的通知，学校组织飞行团长和大队长集中进行学习和讨论。

二、第二阶段：经验管理阶段

（一）飞行四个阶段

1986年学校为适应民航运输飞行的特点，以空军1974年版《飞行条令补充规定》为基础，制定了《中国民用航空飞行专科学校训练飞行暂行规定》。1995年5月4日，学院制定了《飞行四个阶段机组成员行为规范》。其主要内容如下。

1.飞行预先准备阶段

（1）凡参加飞行的人员必须按时参加飞行预先准备，准备时间不得少于1小时30分钟，未参加预先准备的人员不准参加本次飞行。如有特殊原因不能参加飞行部集体预先准备者，必须进行补充准备，并经飞行部检查批准，方可参加飞行。

（2）航线飞行的机组必须到飞行准备室进行准备，查阅航行通告，核对航行资料，机组航行资料必须齐全，机长应在准备情况登记本上签字。

（3）飞行教师要针对本课教学内容、技术难点以及解决教学重点和难点的教学方法，认真作好本课教学的教案。

（4）每次飞行机组必须进行特殊情况处置和空防预案的准备。

（5）航线飞行的机组成员必须进行小体检，并携带航医出具的体检合格证明。

2.飞行直接准备阶段

（1）飞行人员必须按时到场进行飞行直接准备，准备时间不得少于40分钟，未按时到场或准备不好者，取消该次飞行。

（2）执行飞行任务的飞行人员必须携带飞行驾驶执照、飞行健康合格证和空勤登机证。

（3）索取气象资料，了解本场、降落站、备降场、航路天气是否符合机组标准；了解飞行区城和航线飞行动态，航行管制的特殊要求；计算各种飞行数据，填写各种飞行文件，办理离场手续。

（4）向机务人员了解飞机维护情况，查看飞机维护记录本，检查飞机是否处于适航状态。座舱有无外来物，装载是否符合规定。

（5）飞行教师给学生作飞行前指示，下达飞行指令，根据直接准备情况，提出完成本次飞行任务的注意事项和具体要求。

3.飞行实施阶段

（1）飞行期间教学人员要按规定着飞行工作服，着装整洁，注意仪表仪容。

（2）严格按飞行程序飞行，严格执行检查单制度。

（3）严格按通话程序格式和规定的术语完成陆空通话，遵守空地通信纪律，不准在无线电内谈论与飞行无关的事。

（4）飞行中禁止吸烟、闲聊或做其他与飞行无关的事。

（5）飞行教学中要正确处理教学与安全的关系，教师教学要集中精力。起飞、着陆过程中，教师手脚不能离开杆舵。

（6）飞行中应时刻注意飞机、发动机工作情况和天气变化，随时掌握飞机位置，如有特殊情况要及时报告空中交通管制员。

（7）严格遵守目视飞行和仪表飞行规则。

（8）坚决执行“八该一反对”的规定。

（9）严格遵守《驾驶舱规则》。

（10）飞行实施结束后，执行航线飞行任务的教师（机长）必须向队、部领导汇报飞行情况。

4.飞行讲评阶段

（1）飞行讲评必须做好准备，讲评要有计划。

（2）要不断改进教学方法，注重讲评艺术，提高讲评质量，既要考虑共性又要注意个性，既要突出重点又要照顾一般。

（3）要保证讲评时间。讲评时教师、学生应遵守课堂纪律，不准随意离开讲评室，不准接与飞行教学无关的电话，不准抽烟，不准闲谈。

（4）分析该次飞行安全情况，研究次日飞行实施计划和安全措施。

（5）实施讲评中，对好的方面要进行表扬，对存在的问题要提出批评，针对问题要提出具体要求。

（二）值班制度

值班制度分为学院领导飞行值班制度、业务部门领导值班制度和外场值班制度。

1.学院领导飞行值班制度

学院和分院（分校、训练团）领导一直坚持飞行值班制度，各分院（分校、团）领导还坚持每场飞行训练的跟班制度。

1995年5月4日学院制定下发了《关于加强学院领导飞行值班的决定》，学院飞行值班领导由学院领导中及机关副处以上具有一定指挥经验的飞行人员担任。飞行值班领导分正班和副班，他们的主要职责是：

（1）监督、检查全院飞行计划的落实情况。

（2）掌握全院飞行动态，及时发现和解决训练中存在的问题，协调有关单位，保证飞行的正常进行。

（3）严格按规章、标准把好安全关，坚决纠正不按计划、不执行标准、违纪违章等行为。

（4）了解天气实况及变化趋势，适时提出意见和要求。

（5）对飞行中发生的重大问题，及时报告院长和主管飞行的副院长，协助其采取措施，果断处理。

（6）审批搭乘训练飞机的申请。

1995年11月1日，学院又下发了《学院飞行值班领导值班的补充规定》，对值班中一些具体问题作了规定，主要内容是：

（1）学院飞行值班领导值班按飞院〔1995〕146号文件中院飞行值班领导值班表执行。

（2）正副值班领导应坚守岗位，值班地点可选在本人办公室、院飞行值班室或调度室。如需离开时，应告院调度室并留电话号码；需出大院时，要请假并找代理人，但正副班不能相互代替。

（3）每日飞行计划由院办负责送正班飞行值班领导审批并复印两份送院长、书记。

（4）洛阳分院飞行预报可一次性对外拍发，时限为北京时间13：00前；院调度室不发批复报即为同意。

（5）节假日有飞行时，飞标处、航务处、机务处仍需安排领导值班。

（6）建立院飞行值班领导值班日记，值班日记应每天填写，不能补记。

（7）航务处负责值班协调工作。

2.业务部门领导的值班制度。

业务部门领导的值班，主要是指飞行训练分院（分校、团）的飞行、机务、航行、调度、油料、运输、通信、气象、后勤等部门的领导值班。凡进行飞行训练，各业务部门都必须有1名领导值班。同时要求飞行训练中，各保证单位值班领导必须参加全过程。预先准备时，向指挥员报告分管工作的基本情况，听取指示，领受任务；直接准备中，分别报告准备实况，如飞机、场地、人员身体、天气、通信以及各种设施是否符合当天训练要求和准备采取的措施；飞行实施中，督促检查分管工作的执行和落实；最后听取讲评，提出改进措施。各保证单位通过飞行训练的检验，发现和纠正存在的问题，克服薄弱环节，使保障工作不断加强。

业务部门的领导值班制度对加强飞行训练的组织领导，保证飞行安全，起到了重要作用。

3.外场值班制度

根据《飞行教令补充规定》，每场飞行训练都必须设置各类值班人员。1986年5月，学校下发了《中国民用航空飞行专科学校训练飞行暂行规定》，针对各类值班人员主要职责做了如下规定。

（1）飞行值班员。

① 协助飞行指挥员检查跑道、起飞线（起飞线塔台）的布置情况，改变起飞方向时，协助飞行指挥员迅速完成机场的重新布置。

② 维护飞行人员、学生进离机扬和起飞线塔台、休息区的秩序。

③ 协助飞行指挥员了解与掌握地面和空中飞机的活动情况。

④ 组织教员、学生对空中飞机进行观察和组织学生进行地面练习。夜间飞行时，检查着陆探照灯的工作情况。

（2）值班助理员。

① 了解组织本场次飞行的有关情况，及时向飞行指挥员报告，参加制订飞行日飞行计划及其他飞行文书。

② 检查与督促各种值勤人员按时到达工作岗位，协助飞行指挥员检查起飞线（起飞线塔台）的布置，检查指挥用的必备文件是否齐全。

③ 协助飞行指挥员开放、关闭通信导航设备，及时将飞机起降时刻和预计到达时刻通知有关部门。

④ 了解各种勤务工作的保障情况，进行必要的记载，并及时向飞行指挥员报告。

⑤ 协助飞行指挥员维护机场秩序。

⑥ 改变飞行日飞行计划时，协助飞行指挥员调整计划，改变起飞方向时，协助飞行指挥员迅速完成机场的重新布置。

（3）工程机务值班员。

① 督促工程机务人员按时做好飞机的直接准备和短停检查，及时提出飞机的调配使用意见，并向飞行指挥员报告机务准备情况。

② 安排飞机的停放、牵引，指挥飞机进出停机坪的滑行，维护停机线、起飞线、加油线的秩序。

③ 负责检查油料，组织工程机务人员为无空勤机械员的飞机加油。

④ 组织工程机务人员观察起降飞机的工作情况，发现问题及时向飞行指挥员报告，当飞机在空中发生故障时，及时向飞行指挥员提出处理意见，根据飞行指挥员的指示，组织抢救工作。

⑤ 了解工程机务人员的飞机维护情况，以及飞行人员、学生和空勤机械员使用飞机的情况。

（4）场站（科、总务部）外场值班员.

① 根据飞行计划，及时组织各种器材、设备、车辆、消防、卫生救护、道面和场面维护等保障工作。

② 飞行前检查保障工作的完成情况，并向飞行指挥员报告。

③ 全面掌握供应实施情况，及时调配力量，对临时急需的车辆和器材，应迅速予以解决，监督各种车辆遵守机场通行规则，保证行车安全。

④ 检查场站各种值勤人员职责的履行情况，维护机场秩序。

⑤ 检查并保障飞行的灯光、照明设备的正常使用，根据飞行需要及时开放。

⑥ 组织和检查机场上各种人员的饮食供应。

⑦ 检查抢救设备，根据飞行指挥员的指示组织抢救。

（5）气象值班员.

① 了解飞行日飞行计划，收集和研究有关飞行区域、航线、降落机场和备降机场的气象资料。

② 飞行前，向飞行指挥员报告飞行区域、航线、降落机场和备降机场的天气实况和天气预报，根据需要向飞行人员和学生讲解天气情况。

③ 根据飞行任务和天气情况，向飞行指挥员提出飞机侦察天气和雷达探测天气的建议。

④ 飞行过程中，了解并研究飞行人员和学生对空中天气实况的报告，

不断地掌握飞行区域、航线、降落机场和备降机场天气的情况，并将天气变化情况及时报告飞行指挥员。

⑤ 当预测机场区域或飞行区域航线将有危险天气出现时，应立即向飞行指挥员提供详细的天气演变情况和相应保障措施。

（6）领航值班员。

① 根据飞行训练任务，准备所需的领航资料和图表。

② 及时做好飞行中所需的各种领航计算。

③ 协助飞行人员和学生进行领航准备，校对领航资料，检查飞行人员、学生和空中领航员的领航计算和领航用具。

④ 在遇有复杂气象和特殊情况时，协助飞行指挥员进行领航计算，及时提供有关复航的方法或前去备降机场的资料。

在此基础上，学院不断总结、探索和创新，于1997年制定并印发了《飞行学院航空安全教育实施细则》和《民航飞行学院航空安全自我评估指南》，为学院安全管理工作进入规章管理阶段奠定了基础，印发文件的通知见图4-1和4-2。

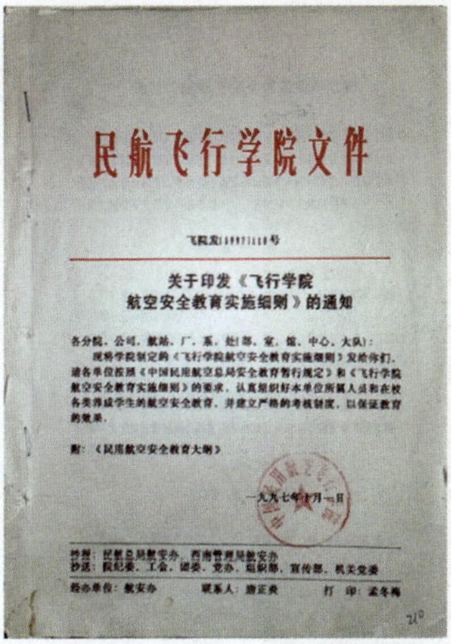

民航飞行学院文件

飞院发[1997][illegible]号

关于印发《飞行学院航空安全教育实施细则》的通知

各分院、公司、航站、厂、系、处(部、室、馆、中心、大队)：

现将学院制定的《飞行学院航空安全教育实施细则》发给你们，请各单位按照《中国民用航空总局安全教育暂行规定》和《飞行学院航空安全教育实施细则》的要求，认真组织好本单位所属人员和在校各类养成学生的航空安全教育，并建立严格的考核制度，以保证教育的效果。

附：《民用航空安全教育大纲》

一九九七年[illegible]月一日

抄报：民航总局航安办、西南管理局航安办

抄送：院纪委、工会、团委、党办、组织部、宣传部、机关党委

经办单位：航安办　联系人：唐正勇　打印：孟冬梅

图4-1　关于印发《飞行学院航空安全教育实施细则》的通知原件

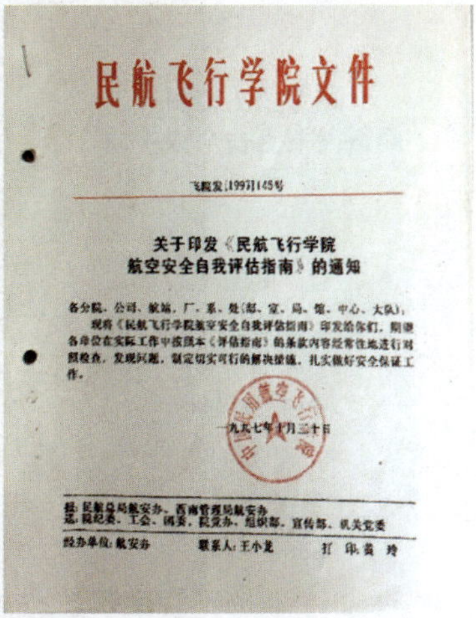

民航飞行学院文件

飞院发[1997]145号

关于印发《民航飞行学院航空安全自我评估指南》的通知

各分院、公司、航站、厂、系、处(部、室、局、馆、中心、大队)：

现将《民航飞行学院航空安全自我评估指南》印发给你们，期望各单位在实际工作中按照本《评估指南》的条款内容经常性地进行对照检查，发现问题，制定切实可行的解决措施，扎实做好安全保证工作。

一九九七年[illegible]月三十日

报：民航总局航安办、西南管理局航安办

送：院纪委、工会、团委、院党办、组织部、宣传部、机关党委

经办单位：航安办　联系人：王小龙　打印：龚玲

图4-2　关于印发《民航飞行学院航空安全自我评估指南》的通知原件

三、第三阶段：规章管理阶段

根据民航局关于逐步使航空安全管理规范化的要求，学院参照民航局、民航西南地区管理局以及学院的有关文件精神，在借鉴民航兄弟单位《安全管理手册》编写方法和总结学院数十年安全管理经验的基础上，于2020年1月1日编写并下发了《中国民用航空飞行学院规范化管理手册–航空安全管理分册》。

该手册第一次明确提出了学院航空安全工作是在学院党委领导下，实行三级管理，即：学院航空安全委员会，分院（公司、航站、飞机修理厂）航空安全委员会，分院（公司、航站、飞机修理厂）二级机构安全工作领导小组。手册还明确了学院航空安全委员会、分院（公司、航站、飞机修理厂）航空安全委员会、分院（公司、航站、飞机修理厂）二级机构安全工作领导小组、学院航空安全管理部门和岗位的职责。航空安全管理分册封面见图4–3。

图4–3 航空安全管理分册封面

2006年学院在规范化手册的基础上，编写并下发了《航空安全管理手册》，内容涉及安全方针与目标、组织机构与职责、航空安全教育、规章、制度、标准、程序与措施等具体见图4–4。

图4–4 2006年的《航空安全管理手册》

2012年学院再次修订了《航空安全管理手册》，相较于上一版，手册细化了组织机构职责和航空教育培训规定，新增了安全负责人和安全管理人员职责、航空安全信息管理实施办法、飞行训练严重不安全事件标准、航空安全奖惩规定、航空安全目标责任制、航空安全工作会议制度、航空安全检查整顿制度、质量安全最佳分院实施办法、航空安全运行监察员证管理规定、安全飞行奖章办理程序、夏季飞行训练安全规定、冬季飞行训练安全规定等内容。

该手册于2012年8月16日正式下发执行，并于2014年7月7日通过主任运行监察员的审核。

四、第四阶段：系统管理阶段

为持续推进学院SMS体系建设，进一步完善航空安全管理，学院于2020年11月26日下发了按SMS全要素编写的新版《航空安全管理手册》。该手册依据《中华人民共和国安全生产法》《中华人民共和国民用航空法》《一般运行和飞行规则》《民用航空安全管理规定》《民用航空器驾驶员学校合格审定规则》等法律法规编写，旨在贯彻落实局方、学院关于航空安全管理工作的方针、政策、规章和其他规范性文件和制度要求，并结合学院建校以来的航空安全管理工作经验和实际情况编写而成，是学院一切航空安全管理活动的准则，用于规范学院航空安全管理工作。具体见图4–5。

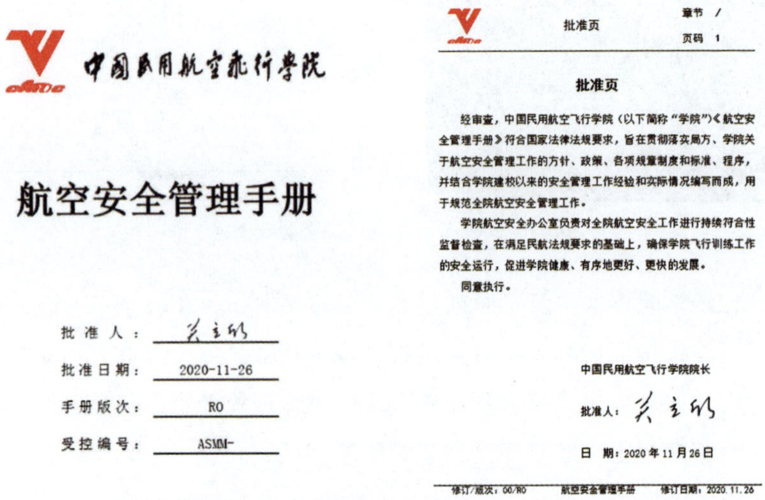
中国民用航空飞行学院

航空安全管理手册

批准人：（签名）
批准日期：2020-11-26
手册版次：R0
受控编号：ASMM-

批准页　章节 /　页码 1

批准页

经审查，中国民用航空飞行学院（以下简称“学院”）《航空安全管理手册》符合国家法律法规要求，旨在贯彻落实局方、学院关于航空安全管理工作的方针、政策、各项规章制度和标准、程序，并结合学院建校以来的安全管理工作经验和实际情况编写而成，用于规范全院航空安全管理工作。

学院航空安全办公室负责对全院航空安全工作进行持续符合性监督检查，在满足民航法规要求的基础上，确保学院飞行训练工作的安全运行，促进学院健康、有序地更好、更快的发展。

同意执行。

中国民用航空飞行学院院长

批准人：（签名）

日　期：2020年11月26日

修订/版次：00/R0　航空安全管理手册　修订日期：2020.11.26

图4–5　新版《航空安全管理手册》

为配套《航空安全管理手册》的实施，学院制定了《航空安全管理程序手册》，目前包含以下26个支持性航空安全管理程序。

①《安全信息管理程序》（CAFUC-ASMP-01）。
②《风险管理程序》（CAFUC-ASMP-02）。
③《安全隐患排查治理管理程序》（CAFUC-ASMP-03）。
④《安全检查管理程序》（CAFUC-ASMP-04）。
⑤《内部审核管理程序》（CAFUC-ASMP-05）。
⑥《外部审核管理程序》（CAFUC-ASMP-06）。
⑦《内部评估管理程序》（CAFUC-ASMP-07）。
⑧《管理评审管理程序》（CAFUC-ASMP-08）。
⑨《预防与纠正措施管理程序》（CAFUC-ASMP-09）。
⑩《安全教育培训管理程序》（CAFUC-ASMP-10）。
⑪《安全绩效管理程序》（CAFUC-ASMP-11）。
⑫《安全奖惩管理程序》（CAFUC-ASMP-12）。
⑬《飞行训练严重事件》（CAFUC-ASMP-13）。
⑭《飞行训练事件样例》（CAFUC-ASMP-14）。
⑮《航空安全应急预案》（CAFUC-ASMP-15）。
⑯《事件调查管理程序》（CAFUC-ASMP-16）。
⑰《安全文件和记录管理程序》（CAFUC-ASMP-17）。
⑱《飞行品质监控管理程序》（CAFUC-ASMP-18）。
⑲《酒精测试管理程序》（CAFUC-ASMP-19）。
⑳《安全约谈管理程序》（CAFUC-ASMP-20）。
㉑《安全生产重大事项挂牌督办管理程序》（CAFUC-ASMP-21）。
㉒《安全会议管理程序》（CAFUC-ASMP-22）。
㉓《安全先进评比管理程序》（CAFUC-ASMP-23）。
㉔《安全飞行奖章管理程序》（CAFUC-ASMP-24）。
㉕《安全行为规范管理程序》（CAFUC-ASMP-25）。

㉖《党政领导干部航空安全责任管理程序》（CAFUC–ASMP–26）。

航空安全管理程序手册见图4–6。

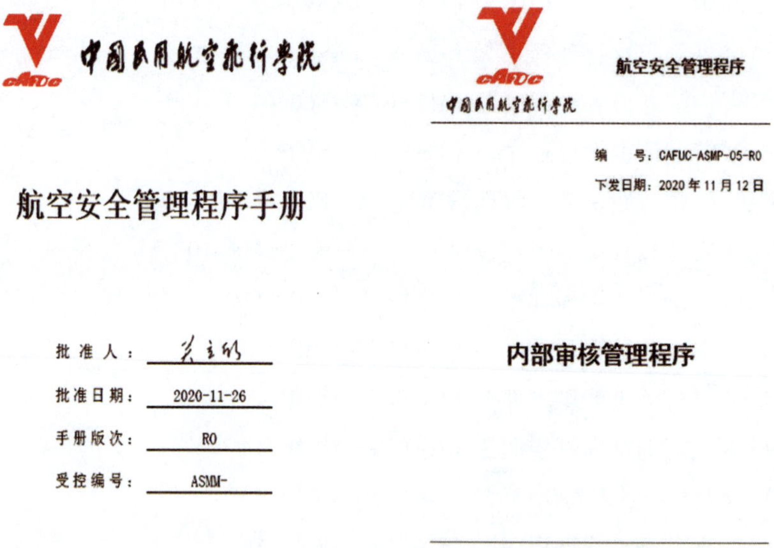

中国民用航空飞行学院

航空安全管理程序手册

批 准 人：
批准日期：2020-11-26
手册版次：R0
受控编号：ASMM-

航空安全管理程序
中国民用航空飞行学院
编　　号：CAFUC-ASMP-05-R0
下发日期：2020 年 11 月 12 日

内部审核管理程序

图4–6　航空安全管理程序手册

第五章
训练机队发展与壮大

一、机队历史

学校成立初期，执管的训练飞机主要是雅克–18（初教五）和运五型飞机。随着国家民航事业的发展，学校机队不断扩大，机型日益增多，20世纪80年代后期形成初、高级教练机和通用机、直升机的训练机群。21世纪初期形成初、中、高教练机和直升机的训练机群。

二、飞机来源

1985年以前，学校执管的训练飞机皆由民航总局直接购买统一分配或调拨给学校，全是苏制和国产飞机。1986年后，则由学校负责选型和购买。

1957年，经民航局同意，从民航天津飞行大队调给学校2架安二飞机

（机号不详）。

1957年12月，民航局从江西南昌320厂为学校购买30架国产雅克18（初教五）飞机（机号1032001～1032030）。

1958年，民航局购买12架安二飞机（机号101～112）分配给学校。

1959年12月，民航局从江西320厂购买30架运五飞机（机号8401～8430），划拨给学校，每架飞机价值21万元。

1960年，民航总局从江西320厂购买34架运五飞机（机号8431～8464），分配给学校，每架飞机价值21万元。

1961年1月，民航第三航校的14架运五飞机（机号68011～68024）被移交给十四航校，组建直属飞行大队。

1963年6月21日，国务院批复教育部并民航总局，同意将天津高级航校的空勤部分并入十四航校，5架伊尔14飞机（机号618、635、637、648、668）、1架里二飞机（机号314）、1架革新号飞机（机号101）也随调给十四航校。

1965年，民航总局从江西320厂购买15架初教六飞机（机号8901～8915），划拨给学校使用。

1966年，民航总局（66）民航六器字第105号文，将从江西320厂购买的20架初教六飞机（机号8916～8935）分配给学校。

1968年，民航总局将从江西320厂购买的25架初教六飞机（机号8936～8960）划给学校。

1974年，民航总局从石家庄飞机制造厂购进3架运五飞机（机号为8437、8438、8439），划拨给学校。每架飞机价值65万元。

1977年，民航总局将从石家庄飞机制造厂购进的2架运五飞机（机号为8272、8273）分配给学校。每架飞机价值65万元。

1978年5月，民航总局（78）指计字第74号文，将北京管理局3架伊尔14飞机（机号为602、617、654），成都管理局1架伊尔14飞机（机号620），上海管理局1架伊尔14飞机（机号608）调给学校使用。

1979年10月，民航总局（79）指计字第223号文，将北京管理局的4架伊尔12飞机（机号为502、503、504、505）调给学校。

1980年年末，学校在执管的全部航空器上喷上国籍标志（B）和登记标志（当时用三位或四位阿拉伯数字）。

1984年，民航局计划司（84）民航计字第94号文，将兰州管理局1架伊尔14飞机（机号636），广州管理局1架伊尔14飞机（机号656）调给学校。民航局（84）民航工计字第012号通知，将上海管理局1架伊尔14飞机（机号612）调给学校。

1984年4月，民航局决定从国外进口直升机，由学校承担直升机驾驶员的培训工作。1985年3月，学校组织选购直升机考察组，并请民航局有关部门派员参加，经过到法国、美国直升机制造厂和使用单位的实地考察，反复比较论证并经民航局批准后，学校于1986年购买美国贝尔公司生产的6架贝尔206BⅢ型直升机（机号为B-7741、B-7742、B-7743、B-7744、B-7745、B-7746），每架飞机价值43.88万美元。

1987年，学校向民航局请示，建议将运输机飞行学生的学制改为四年，采用初、高级教练机两机制训练的方式，使学生在学校基本掌握现代运输机先进的机载通信导航电子仪表设备的使用方法，逐步达到商用驾驶员执照附加仪表等级的水平，学生毕业后经过短暂的转机型过渡训练，即可在航空公司担任运七、波音737等运输机副驾驶的工作。为达到以上培训目标，学校请求购置高级教练机，并对高教机提出具体要求：前三点收放式起落架和可操纵的前轮，双发涡桨式发动机，密封增压舱，良好的除冰设备，升限高，速度范围大，装有先进的自动定向仪（ADF），甚高频全向信标（VOR），仪表着陆系统（ILS），测距仪（DME），甚高频通信（VHFCOM），彩色气象雷达，远距通信及导航系统，空中交通管制应答机，失速警告，自动驾驶仪和双套先进的欧美式飞行操纵仪表，能进行长距离的航线飞行，驾驶舱噪音小，便于教学。1987年，经民航局批准，学校从西安飞机制造厂购进3架运七-100型飞机（机号为B-3469、B-3470、

B–3480），每架飞机价值1 050万元，其中学校每架支付650万元，其余由国家补贴。

1987年1月，国家计委、经委计交〔1987〕1550号函，原则同意学校从国外选购20至30架单发初级教练机。是年11月，民航局以（87）函字第789号文批准学校进口30架单发初教机，并明确指出："进口飞机的组织实施工作由学校负责，学校要成立一个精干稳定的工作班子，专门负责机型的考察审定，参加购机谈判并签订合同；组织空地勤人员出国培训、飞机监造、组装、试飞、技术资料的翻译印发以及申请减免关税，办理进口手续等全盘工作。"购机及备件、关税、运费等所需外汇及相应配套人民币，由民航局自筹资金统筹解决，列入教育系统技术更新改造投资项目。按照民航局的指示，学院组织8人考察谈判小组（含民航局机关1人、航材公司1人、航空工业部1人），于1988年1月13日至2月1日，先后到法国、美国有关工厂、学校考察，在对几种初教机的生产状况、飞机结构、技术性能、售后服务、零备件供应、销售价格和提供的技术资料等情况全面了解和认真研究的基础上，经与法国宇航公司索柯达工厂、美国比奇公司的多轮谈判，最后确定购买法国生产的TB20型飞机28架（机号B–8901～B–8928），每架价值14.27万美元。同时购买15台发动机、6台练习器，所需金额的20%实行补偿贸易。是年9月，28架TB20型初教机海运到香港，陆运到深圳，组装后飞抵广汉机场。

1988年，民航局函〔1988〕39号，将西南航空公司5架运五飞机（机号为8272、8273、8262、8264、8269）调拨给学院。

1988年4月，国家计委、经委计交〔1988〕513号批复民航局，同意从国外进口5至8架高级教练机。学院立即成立高教机引进工作领导小组，制订引进工作计划。是年10月，开始考察美国、德国、法国高教机生产工厂和飞行学校，经过与厂家的多次商业谈判，最后的意向是购买美国派珀公司生产的夏延ⅢA高教机。1989年9月，民航局函〔1989〕779号，同意学院购置4架夏延ⅢA高教机。总投资共计5453万元，外汇额度1431万美元，所需经费由民航局财务司划拨。学院选购的4架夏延ⅢA高级教练机（机号B-3621～B-3624），于1990年7月先后飞抵广汉机场。每架飞机价值274.873万美元。

1990年11月，民航局函〔1990〕1423号文，批准学院增购4架高级教练机。经过与厂商的多次谈判，于1992年4月，由中国民航航材公司与美国派珀公司签订购买2架夏延ⅢA型的购机合同。这2架飞机的电子设备，由原来的本迪科斯/国王电子设备公司生产的机电式仪表指示改换为苛林斯电子设备公司生产的ENIS-85B电子飞行仪表系统显示，这套系统由安装在驾驶舱的5个彩色阴极射线管显示器组成，并增加了GPS系统。共在两架高教机以及相应的备份发动机、零备件等设备上，共投资了1 159万美元和175万人民币。这2架飞机（机号为B-3625、B-3626）于1993年2月抵达广汉机场。每架飞机价值389.332 8万美元。

1992年6月，民航局根据学院《关于增购初教机的请示》以〔1992〕737号函批准学院增购15架TB20初级教练机。学院经过科学论证，为降低训练成本，提出购置法国宇航公司生产的TB200固定式起落架的初级教练机，用于飞行学生初始阶段的基本程序和基本驾驶术的训练。1993年10月，国家计委计交通〔1993〕1925号文批复民航总局，同意进口38架TB200、4架TB20初级教练机。为了支付这42架飞机和备份发动机、零备件等，共计汇款1 194万美元，折合人民币12 582万元，并在民航总局飞机购置专项贷款计划中安排解决。这批飞机于1994年8月和12月先后飞抵学院。38架TB200飞机（机号为B-8801～B-8838），每架价值16.94万美元；4架TB20飞机（机号为B-8929～B-8932），每架价值19.6万美元；索赔1架TB20飞机（机号B-8933）。

1995年3月，学院向国际航空公司购买波音B737-200型飞机3架（机号为B-2506、B-2507、B-2508），每架飞机价值800万美元。同年4月，学院将3架B737-200型飞机交给长城航空公司使用。

1996年12月，民航总局计函〔1996〕103号文，将西南航空公司重庆分公司3架运七100型飞机（机号为B-3435、B-3436、B-3487），无偿划拨给学院使用。

1997年，学院经民航总局同意，从石家庄飞机制造厂购买5架YSB（K）型飞机（机号为B-8726～B-8730），每架飞机价值249.216 1万元。

2000年，学院从美国购买PA44-180型飞机12架。

2001年，学院从美国施瓦泽公司购买S269C-1型直升机2架，S269C型直升机1架。

2004年，学院从美国塞斯纳飞机公司购买奖状525（CJ1）型飞机6架。从美国新派泊飞机公司购买PA44-180型飞机6架。

2005年，学院从美国赛斯纳飞机公司购买172R型飞机42架。从石家庄飞机工业有限责任公司购买小鹰500型飞机10架。

2006年，学院从美国新派泊飞机公司购买PA44-180型飞机5架。从美国赛斯纳飞机公司购买172R型飞机60架。从亚联公务机有限公司租赁PA42-720型飞机2架。

2007年，学院从三星通用航空有限责任公司购买PA42-720型飞机2架、运七-100型飞机2架、BELL206型直升机1架、运五型飞机1架。

2008年，学院从中国西安飞机国际航空制造股份有限公司购买MA600型飞机2架。从昆明星耀高科技发展有限公司租赁奖状525（CJ1+）型飞机1架。

2011年，学院从美国西锐飞机公司购买SR20型飞机20架。从美国派泊飞机公司购买PA44-180型飞机7架。从三星通用航空有限责任公司租赁BELL206型直升机2架。

2012年，学院从美国西锐飞机公司购买SR20型飞机20架。从云南星耀通用航空有限公司租赁S269C直升机2架，R44直升机3架，后因其中1架S269C直升机在运行中损伤，继而由1架R44直升机替换。

2013年，美国塞斯纳飞机公司赠送学院172R型飞机1架。

2015年，学院从珠海中航飞行学校有限公司租赁172R型飞机12架。

2016年，学院从四川西华通用航空有限公司租赁R44型直升机4架。从河北天山遨司特通用航空有限公司租赁PA44-180型飞机5架。

2017年，学院从中电科芜湖钻石飞机制造有限公司购买DA42NG型飞机10架。从三星通用航空有限责任公司租赁奖状525（CJ1+）型飞机1架。

2018年，学院从美国德事隆航空公司购买172S型飞机60架。从湖北蔚蓝国际航空学校股份有限公司租赁PA44-180型飞机1架。从海若通用航空股份有限公司（东方时尚通用航空股份有限公司）租赁CESSNA172S型飞机15架。

2019年，学院从中电科芜湖钻石飞机制造有限公司购买DA42NG型飞机28架。从燕翔航空技术（上海）有限公司购买R44型直升机4架。从美国德事隆航空公司购买奖状525（M2）型飞机4架。从中航通飞华南飞机工业有限公司购买SR20型飞机76架。从海飞特（中国）直升机有限公司购买R66直升机2架。从意大利莱奥纳多股份公司购买AW109SP直升机1架。

2020年，学院从加拿大钻石飞机工业公司购买DA20-C1型飞机14架。

将学院历年执管飞机分布情况按照1957—1980年、1981—2000年、2001—2010年和2011—2020年四个时间段进行罗列，如表5-1、5-2、5-3和5-4所示。

表5-1　1957—1980年飞机分布情况

数量		机型							
		初教五	运五（安2）	初教六	伊尔14	里2	革新	伊尔12	合计
年份	1957	30	2						32
	1958	30	14						44
	1959	4	44						48
	1960	2	78						80
	1961		92						92
	1962		80						80
	1963		80		4	1	1		86

续表

数量		机型							
		初教五	运五（安2）	初教六	伊尔14	里2	革新	伊尔12	合计
年份	1964		75		4	1	1		81
	1965		55	15	5	1	1		77
	1966		55	35	5				95
	1967		66	35	5				106
	1968		66	60					126
	1969		66	60					126
	1970		66	60					126
	1971		66	60					126
	1972		66	60					126
	1973		66	60					126
	1974		67	60					127
	1975		69	60					129
	1976		69	60					129
	1977		61	60					121
	1978		61	60	5				126
	1979		61	60	5				126
	1980		61	60	5			4	130

表5-2　1981—2000年飞机分布情况

数量		机型							
		运五	伊尔14	伊尔12	运七	TB20	TB200	贝尔206	夏延ⅢA	合计
年份	1981	61	5	3						69
	1982	61	5	3						69
	1983	61	5	2						68

续表

年份	运五	伊尔14	伊尔12	运七	TB20	TB200	贝尔206	夏延ⅢA	合计
1984	62	8	2						72
1985	62	7	1						70
1986	62	7	1				6		76
1987	62	5		2			6		75
1988	66	3		3	28		5		105
1989	81	1		3	27		5		117
1990	64	1		3	27		5	4	104
1991	13			3	27		5	4	52
1992	13			3	27		5	5	53
1993	13			3	27		5	6	54
1994	13			3	32	38	5	6	97
1995	13			3	32	38	5	5	96
1996	13			6	32	38	5	5	99
1997	15			6	32	38	5	5	101
1998	15			6	32	38	5	5	101
1999	14			6	32	38	5	5	100
2000	12			6	31	38	5	5	97

表5-3 2001—2010年飞机分布情况

数量 / 年份	机型												
	运五	TB 20	TB 200	172 R	小鹰 500	运七	MA 600	PA 42	PA 44	贝尔 206	269 C	奖状	合计
2001	12	31	38			6		5	12	3			107
2002	12	31	38			4		5	12	3	3		108
2003	12	31	38			4		5	12	3	3		108

续表

数量		机型												
		运五	TB 20	TB 200	172 R	小鹰 500	运七	MA 600	PA 42	PA 44	贝尔 206	269 C	奖状	合计
年份	2004	7	31	37			4		5	12	3	3		102
	2005	5	31	37			3		2	18	1	3	6	106
	2006	5	31	37			3		2	18	1	3	6	106
	2007	5	25	37	78	10	2		2	23	2	3	6	193
	2008	5	25	37	102	10	2		2	23	2	3	7	218
	2009	6	10	37	102	10	1		2	23	2	3	7	203
	2010	6	10	37	102	10	1	1	2	23	2	3	7	204

表5-4 2011—2020年飞机分布情况

数量		机型																
		运五	TB 20	TB 200	172 R	172 S	SR 20	小鹰 500	PA 42	PA 44	DA 42 NG	MA 600	奖状	R 66	贝尔 206	269 C	R 44	合计
年份	2011	6	14	37	102			10	2	23		2	7		2	3		208
	2012	6	14	24	100		20	10	2	30		2	7		2	3		220
	2013	6	14	14	101		40	10	2	30		2	7		2	4	3	235
	2014	6	14		99		40	10	2	29		2	7		3	4	4	220
	2015	6	14		102		40	10	2	29		2	7		3	3	4	222
	2016	6	14		111		40	10	2	29		2	7		3	3	4	231
	2017	6	14		111		40	10	2	34		2	7		3	3	8	240
	2018	4	14		108		40	10		28	2	2	7		3	2	7	227
	2019	4	14		105	24	40	10		24	14	2	7		3	2	4	253
	2020	4	14		99	75	39	10		18	38	2	7		3	2	4	315

三、机型发展

学院在四川新津、广汉、绵阳、遂宁和河南洛阳建有5个飞行训练分院，在自贡、永川、梧州、哈尔滨建有合作飞行训练基地，管理运行5个通用及运输航空机场，拥有奖状CJ1/M2（奖状525）、新舟600（MA600）、西门诺尔（Piper PA44-180）、赛斯纳172（172R/S）、西锐20（Cirrus SR20）、钻石42（DA42NG）、钻石20（DA20-C1）、阿古斯塔（AW109sp）、罗滨逊66（Robinson R66）、罗滨逊44（Robinson R44）等21种机型的400余架初、中、高级教练机，以及空客、波音等40台全飞行模拟机、固定模拟机和练习器，各型航空发动机500多台。

（一）通用机

运五/安2型飞机是苏联安东诺夫设计研制的轻型多用途双翼飞机，外形见图5-1。该型飞机于1946年设计，于1947年8月首次试飞，于1948年10月交付使用。该型飞机机身为全金属半硬壳结构，起落架为后三点固定式。动力装置为1台阿什62NP星型发动机，功率为735千瓦。机长12.69米，翼展18.18米（上翼），机高5.35米。最大商务载量1.2吨，最大巡航速度180千米/小时，最大航程845千米，实用升限4 500米，起飞滑跑距离150米，着陆距离175米，机组成员4人，可载10至12人。

图5-1　运五/安2型飞机

运五飞机（又名丰收二号）是南昌洪都机械厂（现南昌飞机制造公司）在苏联安2型飞机基础上仿制和发展的小型多用途飞机，外形见图5–2。于1957年12月首飞成功。运五飞机具有较好的低空性能和良好的经济性，使用维护简单，飞行安全，可在平坦的场地或草地起飞降落。1985年基本型停止生产，由石家庄红星机械厂（现为石家庄飞机制造厂）开始生产运五B，原型机于1989年6月首次试飞并已取得飞机补充型号合格证。运五B继承了基本型飞机的机体结构和多用途适应性，机身为全金属半硬壳结构，起落架为后三点固定式，内装有新型环控系统，密封舱门。部分电子和仪表设备得到了改进。装有一台波兰产的ASZ62IR–16型发动机，马力为1×967马力。机长12.40米，机高4.13米，翼展18.18米（上翼），主轮距3.36米，最大起飞重量5 250千克，最大着陆重量5 250千克，最大无油重量4 867千克，最大业载1 500千克，最大载油量900千克，燃油容量1 200升，最大爬升率2.394米/秒，实用升限4 500米，起飞距离150米，着陆距离170米，满载最大航程845千米，最大巡能速度220千米/小时，最后进近速度131千米/小时，跑道入口速度122千米/小时。

图5–2　运五B型飞机

（二）初教机

图5-3　初教-5型飞机

初教-5型（雅克18）飞机是南昌320厂串列双座初级教练机。构造简单，重量很轻，操纵容易，可在土跑道上起飞。装有一台M-11P五缸星形气冷活塞式发动机，最大功率为160马力，装有一具二叶木质螺旋桨。起落架为后三点式，主起落架可收放、尾轮可锁定。翼展10.60米，机身全长8.072米，机高3.10米，正常起飞重量1 120千克，空机重量816千克，最大平飞速度248千米/小时，巡航速度160千米/小时，爬升率（低空）3.5米/秒，实用升限4 000米，最大航程1 000千米，续航时间8.28小时，起飞滑跑距离205米，着陆接地速度85千米/小时，着陆滑跑距离270米。

图5-4　初教-6型飞机

初教-6型飞机，是由沈阳飞机制造厂设计室和南昌飞机制造厂设计室共同设计、南昌飞机制造厂制造的一种安装活塞式发动机的串列双座螺旋桨式初级教练机，前后座舱均有操纵飞机和控制各部件工作的设备，外形见图5-4。机上装有供飞行训练用的仪表、无线电和夜航设备。机体除各舱面的蒙皮是布质的以外，其余均为金属结构。起落架为前三点式，可收放。飞机全长8.46米，翼展10.18米，飞机停机状态高度2.94米，阿主轮间距离2.87米，空机重量1 095千克，最大飞行重量1 400千克，平飞最大速度287千米/小时，平飞最小速度125千米/小时，实际升限4 600米，上升率6.5米/秒，最大航程640千米，最大航时3小时36分，起飞滑跑距离250米，着陆清跑距离290米。

TB20型飞机是法国宇航公司所属索柯达工厂生产的小型低速机，是按照正常类目（不能做特技）设计的，外形见图5-5。起落架为前三点式，用液压收放，有刹车和前轮转弯装置。风挡和海舱门采用有机玻璃，面积大、透明度好、视野广。电子设备先进，飞机上装有自动定向仪（ADF），甚高频通信/导航系统（VHFCOM/NAV）测距仪（DME）和空中交通管制应答机（ATC）。动力装置为一台莱康明IO-540-C4D5D发动机，功率为250轴马力，一副全金属两叶恒速螺旋桨。机身全长7.71米，机高2.85米，翼展为9.77米，主轮距2.17米，燃油容量为336升，最大起飞重量1 400千克，最大着陆重量1 400千克，最大无油重量1 076千克，最大业载276千克，最大载油量252千克。最大巡航速度301千米/小时，正常巡航速度291千米/小时，最后进近速度148千米/小时，跑道入口速度139千米/小时，最大爬升率6.4米/秒，实用升限6 000米，起飞距离752米，着陆距离612米，满载最大航程1 810千米。

图5-5　TB20型飞机

TB200型飞机是法国宇航公司下属索柯达工厂生产的小型低速机，外形见图5-6。1993年3月27日首次完成飞行，在同年10月取得法国民航当局型号合格证投入生产时，首先为中国民用航空飞行学院生产38架。起落架为前三点固定式。动力装置配备为一台莱康明IO-360-AIB6发动机，功率为200轴马力，一副全金属恒速螺旋桨。机长7.70米，机高3.20米，翼展9.76米，主轮距2.33米，最大起飞重量1 150千克，最大着陆重量1 150千克，最大载油量157千克，燃油容量210升，最大巡航速度237千米/小时，正常巡航速度204千米/小时，最后进近速度148千米/小时，跑道入口速度139千米/小时，最大爬升率5.1米/秒，实用升限5 000米，起飞距离450米，着陆距离250米，满载最大航程944千米。

图5-6　TB200型飞机

172R型飞机是美国塞斯纳飞机公司研制生产的4座单发活塞发动机轻型螺旋桨式多用途通用飞机，外形见图5-7。采用上单翼设计，以莱康明-360发动机作引擎，马力强劲而平稳，在2 400转/分钟即可达到160马力，其安全性、舒适性，操作性能无以伦比。该机自研发成功以来，全球累计生产、销售量已达35 000架之多。

图5-7　172R型飞机

主要技术指标：机身全长8.20米，翼展1.10米，机高2.72米。2 500米高空巡航速度为226千米/小时。海平面上最大速度为228千米/小时；螺旋桨直径为1 905mm。2 500米高空活动半径1 070千米，活动时间4.8小时。3 000米高空活动半径1 270千米，活动时间6.6小时。爬升速度220米/分钟。升限为4 110米。最大起降重量1 110千克。飞机标准重量744千克；最大载重371千克。允许行李，54千克；燃油箱212升。

西锐SR-20（cirrus20）型飞机是美国西锐飞机公司设计生产的一款五座的轻型飞机，外形见图5-8。其基本重量964千克，可用商载419千克。SR-20飞机是一种高度电子化的小型飞机，拥有完善的机身及动力装置、先进的航电系统以及独特的、透露现代化气息的外观、平面仪表板、多功能显示技术和极为突出的安全性革新，此外，其独树一帜的整机降落伞系统，更是完美地展现了SR-20飞机极高的安全性能。SR-20在机翼的布局上，一改常规教练机的上单翼布局，将机翼布置在机舱下面。SR-20的下单翼设计虽然牺牲了驾驶员的视野，却减轻了飞机的相对机构重量，也更容易布置起落架。

主要技术指标：机身长7.92米，翼展11.68米，高2.70米。装备大陆IO-360-ES活塞发动机，最大功率149千瓦；IO-360-ES引擎配合机头的三叶螺旋桨，可以使SR-20的最大巡航速度达到每小时259千米。

图5-8　西锐-20（Cirrus20）型飞机

DA20型飞机是由加拿大钻石飞机工业公司生产制造的单发两座下单翼飞机，外形见图5-9。半硬壳式全复合材料机体结构在给飞机提供了良好强度的同时保证了机身的重量较轻。起落架为前三点式，不可收放。座舱门窗采用单片丙烯酸玻璃材质，面积大，透明度好，视野开阔。电子设备先进，采用Garmin500TXI驾驶舱综合仪表航电系统。动力装置为两台大陆发动机公司生产的IO-240-B型航汽发动机，单台功率125马力，并配有Sensenich螺旋桨公司生产的两叶式定矩螺旋桨。飞机外形尺寸为机身全长7.24米，机高2.16米，翼展10.89米。最大起飞重量为800千克，最大着陆重量800千克，空重约529千克。

图5-9 钻石20（DA20）型飞机

（三）中教机

西门诺尔PA44-180（Seminole）型飞机是美国派珀飞机公司生产的双发活塞式四座通用飞机，外形见图5-10。最大巡航速度311千米/小时，实用升限5 210米，最大航程1 695千米，翼展11.8米，长8.4米，高2.6米。下直锥形翼、前缘机翼罩、后掠T形尾翼。配备2台莱康明活塞发动机。3个双叶片涡轮增压形螺旋桨。配备可收放前三点起落架。该机型飞机于2001年引进使用。

图5-10 西门诺尔PA44-180（Seminole）型飞机

DA42NG型飞机是由奥地利钻石飞机工业公司持有型号合格证，中电科芜湖钻石飞机制造有限公司持有生产许可证并生产制造的双发四座下单翼飞机，是按照正常类取得适航证的飞机。该型飞机采用半硬壳式全复合材料机体结构、“失效安全”（FAILSAFE）机身以及机翼设计。座椅为高安全性能座椅，配有三点式安全带。起落架为前三点式，液压收放。座舱门窗采用丙烯酸玻璃材质，面积大，透明度好，视野开阔。该机型配置了先进的电子设备，采用了Garmin 1000NXI驾驶舱综合仪表航电系统。动力装置为两台奥地利AUSTRO发动机公司生产的E4-C型航煤发动机，配有发动机控制组件（ECU），单台功率168马力，并配有MT螺旋桨公司生产的MTV-6系列三叶式变矩木制螺旋桨。飞机外形尺寸为机身全长8.56米，机高2.49米，翼展13.55米。飞机空重约1 450千克，有效

图5-11 钻石DA42飞机（Diomand）型飞机

载荷约549千克，最大起飞重量为1 999千克，最大巡航速度344千米/小时，60%功率时的飞行距离为1 393千米（标准油箱）、2 128千米（长航程油箱），爬升率（海平面标准大气）5.7米/秒，实用升限5 486米。

（四）高教机

里2型飞机是苏联生产制造的近程活塞式运输机，于1940年投入使用。该型机曾被命名为波斯84，后以其主任工程师里森诺夫名字的字首改名为里2型。该型机与DC-3型飞机的外型相似，但里2型飞机的乘客登机门设在机身右侧，机身前部装有滑行灯，发动机功率小于DC-3型飞机。机身为全金属半硬壳结构。起落架为后三点前主起落架式，可收放，动力装置为2台阿什62HP星型发动机，单台功率735千瓦。机长19.65米，翼展28.81米，机高5.15米，最大商务载量2.7吨，最大巡航速度230千米/小时，最大航程2 650千米，最大飞行高度5 600米，起飞滑跑距离455米，着陆滑跑距离430米，机组成员4人，可乘坐14人。

图5-12　里2型飞机

伊尔12型飞机是苏联伊留申设计局设计的短途运输机。起落架为前三点可收放式。该型机动力装置为2台阿什82T型发动机，单台功率1 397千瓦。机身全长22.31米，翼展31.7米，最大起飞全重17 500千克，最大商务载量3 350千克，巡航速度每小时320千米，旅客座位有22至26个。

图5-13　伊尔12型飞机

伊尔14型飞机是苏联伊留申设计局在伊尔12型飞机基础上改进设计而成的，外形见图5-14。于1950年进行试飞，1954年开始投入使用。该型机适应用于运输，比伊尔12型飞机更具安全性和舒适性。机身为全金属半硬壳结构，起落架为前三点可收放式。动力装置为2台功率较大的阿什82T型发动机，单台功率1 397千瓦。机身全长22.31米，翼展31.70米，机高7.80米。空机重量12.1吨，最大起飞载量18吨，商务载重3.55吨，最大平飞速度431千米/小时，最大巡航速度320千米/小时，最大航程3 190千米，续航时间8小时10分，实用升限6 500米，全重起飞滑跑距离1 280米，着陆距离950米，机组成员5人，可乘坐旅客24至32人。

图5-14　伊尔14型飞机

图5-15 运七-100型飞机

运七型飞机是西安飞机设计研究所和西安飞机工业公司研制的双发涡轮螺旋桨式中短程支线运输机，外形见图5-15。1968年完成设计并投入试制，于1970年12月完成首次试飞，1982年7月通过设计定型并转为批量生产。该机型空勤组由三人组成，可载客48～52人。西安飞机工业公司为提高运七型飞机的可靠性、经济性、舒适性，以20世纪80年代世界先进支线飞机技术水平为标准，通过国际合作的途径进行了运七-100型飞机的研制工作。运七-100型飞机起落架为并列双轮液压收放前三点式，主轮距为7.9米，机身全长24.22米，机高8.53米，翼展29.67米，最小转弯半径11.83米。动力装置为2台WJ5A-1涡桨发动机，马力为2×2530轴马力。飞机最大起飞重量21 800千克，最大着陆重量21 800千克，最大无油重量19 655千克，最大业载5 500千克，最大载油量4 790千克。飞机最大巡航速度476千米/小时，正常巡航速度423千米/小时，最后进近速度192千米/小时，跑道入口速度182千米/小时。飞机最大爬升率7.6米/秒，实用升限8 570米，起飞距离1 398米，着陆距离1 030米，满载最大航程1 100千米。

图5-16 夏延ⅢA型飞机

夏延ⅢA型飞机是美国派珀飞机公司生产的中短程双发涡轮螺旋桨飞机，外形见图5-16。自1984年5月开始投入生产，曾多次创造同类飞机的世界速度记录。空勤组为两人制机组，座舱最多可容纳八名乘员。机体主要材质为轻合金，机身为半硬壳式，机身中部为气密舱，其中包括驾驶舱、客舱和后行李舱，其余部分为非气密舱。机翼为金属、悬臂梁式下单翼，每边机翼有5个燃油箱。飞机装有可收放的前三点起落架，主起落架向内收起，前起落架后收先放。前轮装有机械式地面转弯装置。飞机动力装置为两台普惠加拿大公司生产的PT6A-61反流式涡轮螺旋桨发动机，功率为720轴马力，各驱动一副哈策尔公司生产的三桨叶恒速可顺反桨的螺旋桨。飞机机长12.23米，机高4.50米，翼展14.53米，主轮距5.60米，最小转弯半径25.60米，最大起飞重量5 080千克，最大着陆重量4 775千克，最大无油重量4 240千克，最大业载1 870千克，最大载油量1 660千克，最大巡航速度452千米/小时，正常巡航速度320千米/小时，最后进近速度213千米/小时，跑道入口速度194千米/小时，实用升限10 670米，起飞距离447米，着陆距离583米，满载最大航程1 482千米。

新舟MA600型飞机是西安飞机工业公司生产的双发涡轮螺旋桨式中短途支线运输机，外形见图5-17。最大巡航速度476千米/小时，实用升限8 570米，满载最大航程1 100千米，从1987年开始使用。

图5-17 新舟MA600型飞机

奖状525（CJ1）型飞机是美国德事隆航空旗下的赛斯纳（Cessna）公司生产的双发高性能教练机，外形见图5-18。可以乘坐2名机组成员和6名乘客，通过在驾驶员座位后侧选装面向前方的教员座椅，可以方便教练与学员之间进行即时交流和得到反馈，实时评估训练效果。该型飞机为全金属半硬壳式机身，采用超临界层流翼型下单翼，T形尾翼和前三点式、可收放起落架。配备两台威廉姆斯国际公司生产的FJ44-1A涡扇发动机，单台推力862千克。机身长度12.98米，翼展14.14米，机高4.11米，最大起飞

图5-18　奖状525型飞机（CJ1、M2）

重量4 808千克，最大着陆重量4 445千克，最大零燃油重量3 810千克，基本空重3 096千克，最大巡航速度为704千米/小时，起飞滑跑距离最短978米，实用升限12 497米，最大航程2 732千米。从2005年开始使用。

奖状525（M2）型飞机是美国德事隆航空旗下的赛斯纳（Cessna）公司生产的双发高性能教练机，属于CJ1型的升级构型。该机型可以乘坐2名机组成员和6名乘客，通过在驾驶员座位后侧选装面向前方的教员座椅，可以方便教练与学员之间进行即时交流和得到反馈，实时评估训练效果。机身尺寸与CJ1相同，装备两台威廉姆斯国际公司生产的FJ44-1AP涡扇发动机，每台发动机可产生891千克，最大起飞重量4 853千克，最大着陆重量4 490千克，最大巡航速度为748千米/小时，起飞滑跑距离最短978米，实用升限12 497米，最大航程2 871千米。飞机为全金属半硬壳式机身，拥有T型尾翼以及带有LED照明灯的平直下单翼，相比于CJ1型，其飞机增加了翼尖小翼，提升了燃油效率，配备有前三点式、可收放起落架。飞机系统最主要的改进是航电系统升级为Garmin G3000航电系统。G3000系统集成了多个系统的控制功能，替代了CJ1飞机驾驶舱上设置的诸多开关，简化了飞行员的操作，降低了飞行员在驾驶舱资源管理方面的工作负荷。

（五）直升机

贝尔206BⅢ型直升机是美国贝尔直升机公司研制的五座单发轻型通用直升机，是在贝尔206A和贝尔206BⅡ基础上的进一步改型。主要区别是：

发动机功率增大，改善了高温高原性能，使在高度3 050米、国际标准大气条件下的速度增加9千米/小时，悬停重量增加91千克，悬停高度增加610米，机体只做了少量更改，1977年8月开始交付使用。旋翼系统为两片桨叶的半钢性跷跷板式旋翼，旋翼与发动机的转速比为1：15，旋翼转速为374～394转/分。着陆装置是滑橇式起落架。动力装置为一台艾利逊250-C20B/C20J发动机，功率为1×317轴马力。机载设备有：甚高频通信设备，自动定向仪，机内通话及扩音系统。飞机电源有4.5千瓦起动/发电机和一个24伏、13安培小时的镍镉蓄电池。

图5-19　贝尔206BⅢ型直升机

贝尔206BⅢ型直升机的技术数据：机身全长9.50米，机高3.54米，最大起飞重量1450千克，最大着陆重量1 450千克，最大无油重量850千克，最大业载600千克，最大载油量270千克，最大巡航速度241千米/小时，正常巡航速度185千米/小时，实用升限6 000米，满载最大航程417千米。

斯瓦泽269C型直升机是美国贝尔直升机公司研制的双座单发轻型通用直升机。最大巡航速度为176千米/小时，实用升限3 293米，最大航程668千米，于2002年引进使用。

R44II型直升机是美国罗宾逊直升机公司生产制造的四座单发活塞直升

机，舱内空间宽敞，每个座位均有良好的对外视野，外形见图5-21。轻盈的机体结构和优化的空气动力学机身外形提高了飞行速度与燃油经济性，同时较低的尾桨叶尖速度、高效的消音器及上扬的尾梁大幅降低了飞行中的噪音影响。罗宾逊R44II型直升机采用莱康明6缸直喷式IO-540-AE1A5型发动机，提供了更强的高原性能，不需要对汽化器加热便能提升功率。直升机外形尺寸为机身全长11.66米，机高3.28米，机宽2.29米。最大起飞重量为1 134千克，空重约683千克。最大起飞功率为245马力，最大巡航速度202千米/小时，最大航程550千米，最大使用升限4 267米。

图5-20　斯瓦泽269C型直升机

图5-21　罗滨逊R44II型直升机

R66型直升机是美国罗宾逊直升机公司生产制造的五座涡轴直升机，继承了罗宾逊直升机家族中著名的R44机型的跷跷板式旋翼系统、“T”字型驾驶杆、开

图5-22　罗滨逊R66型直升机

放的客舱配置设计等功能，同时新增了第5座位、大行李舱、HID着陆灯、真皮座椅、立体音频控制面板等功能，外形见图5-22。罗宾逊R66直升机采用罗尔斯·罗伊斯公司的RR300型发动机，具有重量低、体积小、燃料消耗率低等优点，且具有经过认证的多燃料能力和涡轮发动机的响应能力、平稳性和无忧可靠性。直升机外形尺寸为机身全长11.66米，机高3.48米，机宽2.34米。最大起飞重量为1225千克，空重约581千克。最大起飞功率为270轴马力，最大巡航速度204千米/小时，最大航程650千米，最大使用升限4 267米。

阿古斯塔AW109SP型直升机是意大利莱奥纳多公司生产制造的一款轻型、双发、八座（2+6）多用途直升机，外形见图5-23。全新设计的玻璃驾驶舱为飞行员提供了极好的视野和符合人体工程学的工作空间，先进的航电系统、导航系统和极强的态势感知能力使其在飞行安全性上表现得十分出色。动力装置配备，两台了全权限数字发动机控制（FADEC）的普惠加拿大PW207C涡轴发动机，具有卓越的悬停和飞行性能。阿古斯塔AW109SP直升机安装的轮式起落架既提高了飞机野外着陆的能力，也增加了绞车作业的安全性，同时轮式起落架滑跑起飞和着陆功能提高了作业性能。阿古斯塔AW109SP直升机具有速度快、性能表现良好、实用性强、性价比高和使用消耗成本等特点。直升机外形尺寸为机身全长12.65米，机高3.40米，机宽3.29米。最大起飞重量为3 175千克，空重约1 732千克。最大起飞功率为735轴马力，最大巡航速度289千米/小时，最大航程785千米，最大使用升限4 880米。

图5-23　阿古斯塔（AW109SP）型直升机

第六章
飞行教学训练管理

一、组织机构

学校飞行队伍的组建沿袭着空军航校的模式，各飞行训练团（现为分院）下辖2个飞行大队。飞行大队下设2~3个中队，每个中队管理2~6个教学小组。飞行大队的人员配备按空军批准的编制表执行，每个大队配大队长、政治委员各1名，副大队长1~2名，副政委1名；每个中队配中队长1名，副中队长1~2名，飞行教员3~6名。

1963年3月，学校各飞行训练团的飞行大队统一按顺序排列，一团下属一、二大队，二团下属三、四大队，三团下属五、六大队，1966年11月四团组建七、八大队。

1981年8月，飞行大队政委改为大队党支部书记。1992年7月，飞行大队改称飞行训练部，由正科级升格为正处级，大队党支部改为党总支，设总支书记。2000年飞行训练部总支书记改为飞行训练部政委。

2004年10月，各分院飞行训练部按照传统称呼更名为飞行大队，并以传统方法进行排序。新津分院设飞行一、二大队，广汉分院设飞行三、四大队，洛阳分院设飞行五、六、九大队，绵阳分院设飞行七、八大队。

2006年3月，新津分院新增飞行十大队，广汉分院新增飞行十一大队，绵阳分院新增飞行十二大队。

2012年4月，新津分院新增直升机飞行大队。

机构调整的通知文件原件见图6–1。

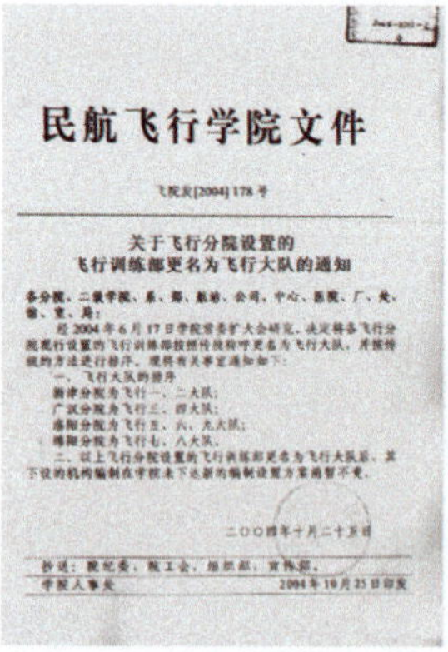

民航飞行学院文件

飞院发[2004]178号

关于飞行分院设置的
飞行训练部更名为飞行大队的通知

各分院、二级学院、系、部、航站、公司、中心、医院、厂、处、馆、室、局：

经2004年6月17日学院党委扩大会研究，决定将各飞行分院现行设置的飞行训练部按照传统称呼更名为飞行大队，并按传统的方法进行排序。现将有关事宜通知如下：

一、飞行大队的排序

新津分院为飞行一、二大队；

广汉分院为飞行三、四大队；

洛阳分院为飞行五、六、九大队；

绵阳分院为飞行七、八大队。

二、以上飞行分院设置的飞行训练部更名为飞行大队后，其下设的机构编制在学院未下达新的编制设置方案前暂不变。

二〇〇四年十月二十五日

抄送：院纪委、院工会、组织部、宣传部。

学院人事处　2004年10月25日印发

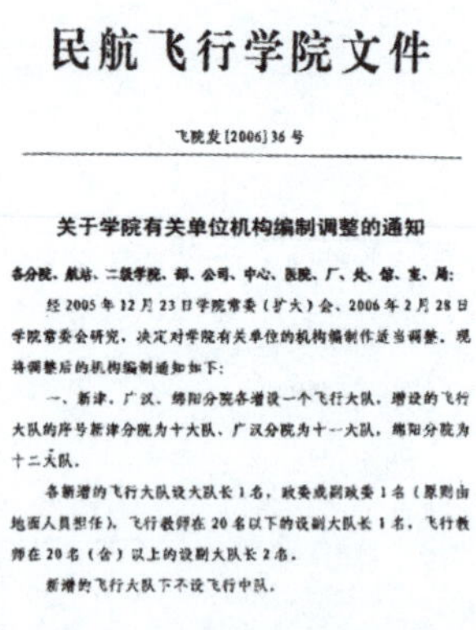

民航飞行学院文件

飞院发[2006]36号

关于学院有关单位机构编制调整的通知

各分院、航站、二级学院、部、公司、中心、医院、厂、处、馆、室、局：

经2005年12月23日学院常委（扩大）会、2006年2月28日学院常委会研究，决定对学院有关单位的机构编制作适当调整，现将调整后的机构编制通知如下：

一、新津、广汉、绵阳分院各增设一个飞行大队，增设的飞行大队的序号新津分院为十大队、广汉分院为十一大队，绵阳分院为十二大队。

各新增的飞行大队设大队长1名，政委或副政委1名（原则由地面人员担任），飞行教师在20名以下的设副大队长1名，飞行教师在20名（含）以上的设副大队长2名。

新增的飞行大队下不设飞行中队。

民航飞行学院文件

飞院发〔2012〕62号

关于成立直升机飞行大队的通知

新津分院：

经学校2012年4月16日院务会研究决定，在你分院成立直升机飞行大队，设大队长1名，政委1名，副大队长1名，中队长1名，教师编制根据实际需要，报学校审批后配置。

二〇一二年五月三日

抄送：院纪委、院工会、[illegible]、组织部、宣传部。

学院人事处　2012年05月03日印发

图6–1　各通知文件原件

2012年8月，在遂宁航站基础上组建成立遂宁分院，设飞行十三大队。

2013年3月，遂宁分院新增飞行十四、十五大队。

以上机构调整的通知文件原件见图6–2。

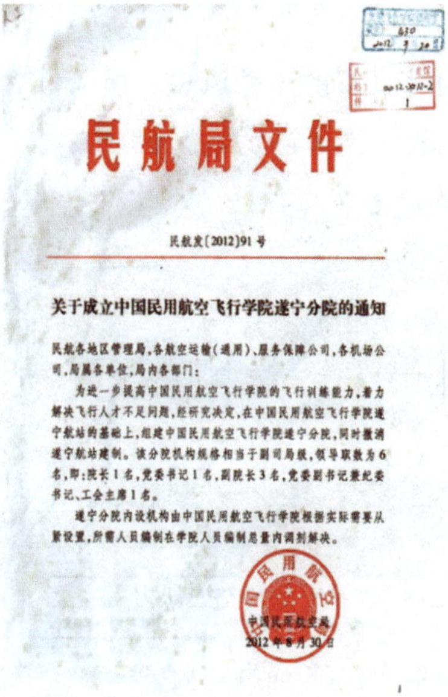

民航局文件

民航发〔2012〕91号

关于成立中国民用航空飞行学院遂宁分院的通知

民航各地区管理局，各航空运输（通用）、服务保障公司，各机场公司，局属各单位，局内各部门：

为进一步提高中国民用航空飞行学院的飞行训练能力，着力解决飞行人才不足问题，经研究决定，在中国民用航空飞行学院遂宁航站的基础上，组建中国民用航空飞行学院遂宁分院，同时撤消遂宁航站建制。该分院机构规格相当于副司局级，领导职数为6名，即：院长1名，党委书记1名，副院长3名，党委副书记兼纪委书记、工会主席1名。

遂宁分院内设机构由中国民用航空飞行学院根据实际需要从紧设置，所需人员编制在学院人员编制总量内调剂解决。

中国民用航空局

2012年8月30日

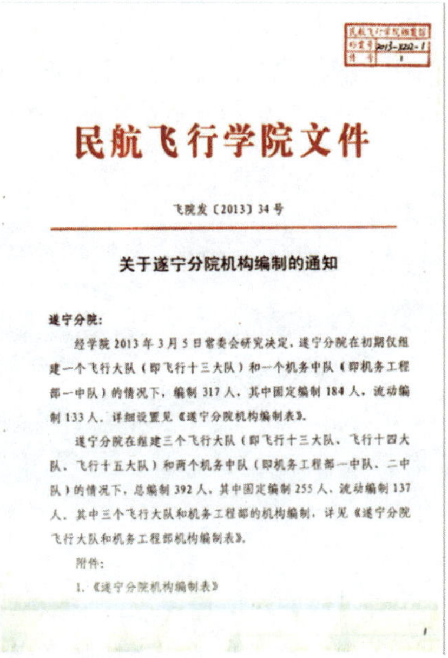

民航飞行学院文件

飞院发〔2013〕34号

关于遂宁分院机构编制的通知

遂宁分院：

经学院2013年3月5日常委会研究决定，遂宁分院在初期仅组建一个飞行大队（即飞行十三大队）和一个机务中队（即机务工程部一中队）的情况下，编制317人，其中固定编制184人，流动编制133人。详细设置见《遂宁分院机构编制表》。

遂宁分院在组建三个飞行大队（即飞行十三大队、飞行十四大队、飞行十五大队）和两个机务中队（即机务工程部一中队、二中队）的情况下，总编制392人，其中固定编制255人，流动编制137人。其中三个飞行大队和机务工程部的机构编制，详见《遂宁分院飞行大队和机务工程部机构编制表》。

附件：

1.《遂宁分院机构编制表》

图6-2　机构调整文件原件

二、思想作风

学院自建校以来一直把政治思想工作放在首位，把加强作风建设作为“立德树人”的根本要求，坚持社会主义办学方向，牢记“为党育人、为国育才”的使命。

图6-3

飞行教师上岗带飞学生之前，必须经过思想品德教育。主要进行忠诚党的教育事业、纪律作风、职业道德等方面的教育，学习学院制定下发的《关于飞行教师教书育人的规定》《飞行教师职业道德规定》《飞行教师职业纪律守则》等重要规定中，要求飞行教师必须教书育人，为人师表，言传身教，在工作、学习生活中以身作则，以自己良好的道德风貌、模范行为为学生作出表率，要“帮思想、教技术、带作风”，全面关心学生的成长。

图6-4

随着时代的发展进步，为适应新时期对民航飞行员的要求，筑牢飞行教师队伍作风建设，学校狠抓师德师风，强化敬业精神，制定并下发《关于进一步加强和改进新时代飞行教师飞行学生作风建设的意见》《中国民用航空飞行学院教师师德师风考核办法（试行）》等文件，将“九字经”教风贯穿于教学训练始终。

图6-5

三、资质管理

中飞院源于人民军队，其前身是中国人民解放军第十四航空学校。1956年，经周恩来总理批准成立，由毛泽东主席任命军政领导，肩负为国家培养合格民航飞行人才的特殊使命，伴随着新中国民航事业的起步而创建。学院几易校名，1956年5月26日，经国务院批准，在空军支持下建立了中国民用航空局航空学校，同年9月22日，经国防部批准，定名为中国人民解放军第十四航空学校。1963年10月25日，按中央军委指示，更名为中国民用航空高级航空学校，并报国务院批准列入高等学校名单。1971年5月19日，经中央军委批准，再次更名为中国人民解放军第十四航空学校。1980年8月7日，经国务院、中央军委批准，更名为中国民用航空飞行专科学校。1987年12月15日，经国家教委批准，升格为全日制普通高等本科学校，并更名为中国民用航空飞行学院。

学院空勤教师资质管理的发展过程，大致可以分为技术管理和执照管理两个阶段。其演进过程折射出学院历史渊源与国际接轨接轨的历史脉络。学院空勤教师队伍组建初期主要沿袭空军航校模式，随着各个阶段的内外形势变化，空勤教师的组成结构也随之变化。人员由空军调入人员、选留本校飞行毕业生、民航内部调配、海空军退役飞行员、定向选召培养以及从地面同行专业中选拔升空，逐步过渡到全部由本校毕业生留校任教。

（一）技术管理

从20世纪60年代开始，学院逐渐加强了飞行教学队伍的技术培训。1963年，学院外送骨干教师进行昼间复杂气象条件培训，随后对学院飞行教师和干部分批进行转天气训练。1969年学院制定下发的《飞行训练提纲》明确了昼间二号天气训练标准，规定了转训昼间一号天气的训练条件。同年，通过外派骨干学习夜航训练并在学成回校后，克服不利条件，在利用马灯照明成功的条件下开展夜间二号天气标准训练，至此我校开起了夜航训练的历史。

20世纪70年代，学院根据实际情况，于1975年，参照空军运五飞机天气标准，下发了《运五飞机飞行教员干部训练提纲》。该提纲将复杂气象划分为一、二、三号，并明确了执飞昼/夜间一、二、三号天气以及夜间四号训练标准和技术进阶标准。

1993年，学院针对TB20和夏延ⅢA两种机型制定并下发了《TB20机型飞行教师飞行训练提纲》《夏延ⅢA机型飞行教师飞行训练提纲》，继续依据不同天气标准，对执飞人员进行技术划分。

（二）执照管理

1986年3月，学院根据民航局下发的《关于实行民用航空器飞行人员执照制度的通知》下发了《关于颁发飞行人员执照实施计划》的通知。通过实施飞行人员执照制度，加强了技术管理并提高了人员素质，成为了学院飞行人员执照制度开端。

1996年8月1日，民航总局发布第51号令：《民用航空器驾驶员和飞行教员合格审定规则》（即61部），取消了原有的机长天气标准和转天气标准训练，把天气标准划分为昼间目视正驾驶、昼间仪表正驾驶和正驾驶（昼夜间仪表正驾驶）。1997年根据民航总局《关于下发（民航飞行人员换发执照实施办法）的通知》，对使用执照期限快满十年的飞行人员，有计划地分批换为CCAR-61、CCAR-63部规定的执照。

2003年6月1日开始实施的CCAR-61R1《民用航空器驾驶员、飞行教员和地面教员合格审定规则》中将“教员执照”的内涵从单一的飞行技术技能教学，提升到飞行技术和相关航空理论的综合教学。学院迎难而上，用一年时间完成教师的培训、教材的编写、题库的建设和教案的制作，圆满完成所有飞行教师和部分理论教师的培训和取证工作。

CCAR-61R1《民用航空器驾驶员、飞行教员和地面教员合格审定规则》是中国民航执照管理体系向《国际民用航空公约》附件一迈进的重要文件。此后，关于“教员执照”改为签注等级教员以及实行云执照对人员资质管理等计划都在该框架下进行。中国民航体系的国际化对于学院是一个巨大挑战，同时也拉开了学院对原有飞行训练模式持续十几年的改革序幕。

图6-6

四、课程管理

65年的历史中，学院先后使用雅克十八、安二、初教六、伊尔十四、运五、运七、TB20/200、夏延、C-172R、PA44、CJ1等固定翼和旋翼机型用于训练。在不同的历史时期，使用不同机型方案进行飞行学员培养。

（一）“一机制”

“一机制”即使用单一机型，培养特定机型的航空器驾驶员。该培养方式训练周期短，针对性强，在物质匮乏时期，“一机制”既满足了国家对空勤人员的需求，也保证了训练质量。

1959年1月到1965年9月。用单一安二机型进行训练，统一使用80小时训练大纲。

1968～1971年，学院用初教六、运五飞机单一机型培养初级飞行员，运五机型飞行60小时。1971年3月，运五训练恢复为70小时训练大纲，初教六机型飞行70小时。

1972～1976年，学院使用初教六和运五两种机型培养运五副驾驶。两种机型都使用45小时训练大纲。1973年6月，改为75小时训练大纲。

1977年4月和10月，民航总局先后审批下发了《初教六飞机飞行学员训练提纲（60小时）和《运输五型飞机飞行学员训练提纲（130小时）》。

（二）“两机制”

“两机制”，我们不能简单地将其理解为使用两种机型培养航空器驾驶员。“两机制”体现了由初教机过渡到中型机，由简单向复杂进阶的理念。“两机制”培养模式的使用时间最长，为学院奠定“民航黄埔”的地位做出重要贡献。

1957年4月，空军军事学校管理部批准十四航校，使用两种机型训练，雅克十八飞行一年，安二飞行六个月，培养安二型飞机副驾驶。

1965年5月，民航总局指示学校用初教六和伊尔十四两种机型，直接培养运输机副驾驶。初教六使用100小时训练大纲，飞行期限一年。伊尔十四中型机，飞行训练五个月，飞行40小时。

1978年4月，民航总局决定恢复十四航校中型机训练，于8月4日，下发了《关于调整十四航校飞行人员养成训练学制的通知》。对伊尔十四副驾驶训练大纲做出如下要求：在航校结业的运五飞行学员的基础上，再进行六个月的伊尔十四飞行训练，飞行时间50～60小时。1979年3月，学校制订了伊尔十四飞机飞行学员训练提纲（50小时），并经民航总局批准。

1979年6月20日，民航总局下发了指训字第21号《关于调整航校养成学员训练学制的通知》（简称《通知》），《通知》中决定学校恢复中型机训练团和停止使用初教六型飞机进行训练。运五副驾驶学别调整为：飞行140小时；伊尔十四副驾驶学别调整为：从毕业的运五飞行学员中择优转伊尔十四训练六个月，飞行50小时。

1988年1月，学院经民航局批准，颁发了运七型飞机训练大纲。规定运五（或其他机型）飞行员在完成航空理论改装学习以后，进行运七-100型飞机训练，训练起落航线、仪表穿云和航线飞行三个课目，平均总飞行时间20小时，训练期限两个月。

1988年10月，从法国引进TB20初教机28架。1989年8月，TB20训练试使用180小时训练大纲，1992年5月上报民航局审查批准。1990年8月，民航局为学院购置4架高教机夏延ⅢA。1992年9月，经民航局批准夏延ⅢA型高教机使用20小时训练提纲。

1994年月17日，民航总局发布了《中国民用航空飞行人员训练管理规定（试行）》，即39号令，这是一部关于飞行人员训练管理的法规性文件。学院根据39号令，对现有机型的训练大纲作了修订。通用机驾驶专业，运五型飞机使用150小时训练大纲；运输机驾驶专业，TB20和TB200初教机使用190小时训练大纲，高教机夏延ⅢA和运七使用50小时训练大纲。

1996年8月1日和1998年7月3日，民航总局先后发布了《民用航空器驾驶员和飞行教员合格审定规则》（即61部）和《中国民用航空飞行人员训练管理规定》（即62部）。学院根据民航总局61部和62部的各项规定，重新组织编写了《养成学生飞行训练大纲》，并于1999年4月9日经民航总局批准后执行。

新大纲是对现有训练大纲按私用执照、仪表等级、商用执照、多发等级的分类进行编制，使飞行训练大纲更接近于国际训练标准，为其向“三机制”训练模式的转变埋下伏笔。

（三）“三机制”

“三机制”是国际民航飞行训练模式的通行做法，即使用初教机、中教机、高教机三种机型分阶段对飞行人员进行训练。2001年西门诺尔（PA44小双发）中教机成功引入训练标志着学院“三机制”的训练布局已调整完毕，也为全面对接国际化训练模式《航线运输驾驶员整体训练大纲》打下了基础。

从2001年起，学院根据民航局的文件精神和新出台法规对现有各类大纲进行修订完善以适应内外环境的变化。2006年，学院按照CCAR-141部执照课程体系的要求，对《航线运输驾驶员整体训练大纲》进行了全面修订，完成了飞机类单发私照、多发私照、单发商照、多发商照、仪表等级、多发等级、过渡训练、教员执照和仪表课程、补充训练课程、直升机私照、商照和教员执照以及部分机型型别等级等20部课程大纲的编写工作。至此，学院大纲体系已经初步形成，针对不同入口条件的学员，都有相应的训练课程大纲，可以参照来对其进行训练。

2010年，伴随着法规的变化和飞行训练实践的检验，学院对整体大纲进行全面的修订。将原有的单发私照、仪表等级、单发商照、增加多发等级、高性能训练五个部分变为单发私照、仪表等级之后直接取多发商照，然后完成高性能训练四个部分，不再获取单发商照。新大纲将更加符合法规的要求，同时将减少部分受环境制约难以完成的训练科目和时间。更加有利于学院严格要求、依法训练、提高训练质量。

新训练课程大纲体系不仅包括传统训练大纲的训练时数分配、训练科目和内容、质量要求，还包含了详细具体的筛选检查标准和由具有较强实际操作性的训练评分系统组成的质量评估体系，训练评分系统除了传统的技术技能评估外，还引入了非技术技能评估，这不仅属国内首创，在世界范围内也处于领先地位。为配合新课程大纲的实施，学院还完善了由《飞机飞行指南》和《仪表飞行指南》为主干，各机型飞行员训练手册和标准操作程序为支撑的飞行训练教材体系。

（四）深化课程

2007年，为落实学院“进军高端”的战略，学院与总局飞标司以及在与国内外专家的合作下共同申请的MPL-“多人制机组驾驶员执照”培训课程项目正式立项。2008年中国民航第一期多人制机组驾驶员飞行执照——"MPL"课程已于2008年7月7日在学院正式开班。此举使学院成为继波音傲腾航校后全世界第二家正式开始进行MPL课程培训的训练机构。标志着学院的新执照培训体系研发能力已处于世界领先地位。

2017年，针对飞行教师缺乏航空公司运行经验和大型机知识不足等问题，为了提升面向CCAR-121部飞行员培训的飞行教员资质能力，丰富学院飞行教员航线飞行知识，提高核心教学技能，学院研究开发了《飞行教员资质能力提升训练课程》，旨在通过对飞行教员队伍的培训，缩小CCAR-141部航校培训与CCAR-121部运输航空需求间的差距。此举从“行为、知识、技能、态度”等方面对教师进行全面培训，补齐短板、拓展视野、反哺教学。

近年来，学院组织起了飞行和理论教师，共同组建了ATRD团队，专门从事飞行教学训练的研究工作。ATRD团队分析统计了2014年至2019年学院各类课程与飞行员九项核心胜任能力之间的关联，通过对受训人员可观察行为OB在课程中出现的时间和分布情况，提出了“从零培养胜任力”“胜任力与可观察行为分级”的思路，形成了《中国民用航空飞行人员胜任力训练数据分析报告》。以该报告为基础，结合ICAO 9868号文件相关要求，ATRD开发了“基于核心胜任能力”的课程开发工具，即《飞行员核心胜任力培训指导手册》，该手册系统地阐述了核心胜任力的起源、相互关系、培训规律，实现了对飞行人员核心胜任能力成长轨迹的溯源、跟踪及预测。

表6-1　各阶段训练课程

航线运输驾驶员（飞机）整体课程 Airline Transport Pilot (Airplane) Integrated Course	型别等级课程 Type Rating Course
高性能多发飞机训练课程 High Performance Airplane Course	增加等级课程 Additional Rating Course
私用驾驶员执照课程 Private Pilot License Course	基础教员等级课程 Flight Instructor Course

续表

商用驾驶员执照课程 Commercial Pilot License Course	仪表教员等级课程 Flight Instructor—Instrument Course
仪表等级课程 Instrument Rating Course	型别教员等级课程 Type Rating Instructor Course
多人制机组驾驶员执照课程 Multi—crew Pilot License Course	航线运输驾驶员执照理论课程 Airline Transport Pilot License Theory Course

图6-7 各训练课程丛书（一）

五、训练管理

（一）训练依据

学校被组建后，按照中国人民解放军空军航校飞行训练方法，组织与实施飞行训练。1961年4月，中国人民解放军总参谋部颁发了《中国人民解放军飞行教令》，同时颁发了《中国人民解放军飞行教令补充规定》作为《飞行教令》的附件，供航空学校使用。《飞行教令补充规定》是针对解放军航空学校组织与实施飞行的特点而制定的，是航空学校组织与实施飞行的基本依据。因此，从1961年开始，学校一直按照《中国人民解放军飞行教令补充规定》组织与实施飞行训练。

1974年6月，空军党委制订并颁发了《中国人民解放军空军飞行条令补充规定》，作为空军航校组织与实施飞行训练的基本依据。

1986年5月，学校根据民航运输特点，制定了《中国民用航空飞行专科学校训练飞行暂行规定》，经民航局批准后，下发执行。

1997年10月，经民航总局批准，学院下发了《中国民用航空飞行学院飞行训练管理手册》（试行）。

1999年，学院为了加强规范化管理，出台了《飞行标准管理工作手册》，旨在用于规范飞行训练部门的各类教学活动，理顺飞行标准工作程序，明确各教学训练有关单位的职责。

2003年4月11日至12日，学院召开了校史首次大队长工作会议。

2006年，学院编写完成《飞行管理手册》等诸多规范性文件并通过局方对学院的运行合格审定。

2010年，学院组织编写完成了具有完全自主的知识产权的《飞行教学指南》，为学院飞行教学训练规范化和标准化奠定了又一个坚实的基础。

2018年，学院在现有训练质量管理体系框架下，制定《学院训练质量管理手册》，进一步完善质量管理组织架构，明确质量管理人员和工作职责，建立质量管理工作程序和工作流程，形成大队、分院、学院三级质量管理机制，通过飞行大队阶段检查强化训练过程管理；通过分院质控管理，强化结果管理；通过对质量信息的分析，建立定期的质量分析会、教学研讨会制度；通过学院质量监管，强化质量管理措施的落实。

图6-8 各训练课程丛书（二）

（二）训练创新

2006年，学院向内深挖训练潜力，调整训练组织模式，全面实施“三班制”和“大轮班”，大幅度提高了飞机和机场的利用率，使学院训练总量上了一个新台阶。

从2009年开始，学院对新教师培训实行“三步走”的措施，即新教师留教后首先在学院接受集中、针对性的教学训练，进行相关的法规和航空理论强化培训，之后再到各分院转入两个阶段的飞行教学培训。在集中培训阶段，邀请学院领导、外籍专家、理论教师、运行和训练管理人员以及资深的飞行教员分别对新教师进行角色定位、国际标准、职业规划、教学技能等方面的教育，并且还就相关内容专门培训了新教师的带飞教师。在飞行教学培训阶段，将新教师的飞行训练严格按照法规和执照的相关要求分成目视教员训练和仪表教员训练，分阶段带飞，按照不同的实践考试标准分阶段进行有侧重点的实践考试。

2006年，学院尝试对飞行训练数据进行电子网络化记录，并开发了“飞行学生训练情况数据系统”，成效明显。经过摸索和改进升级，于2008年将升级后的“飞行训练数据系统”在四个分院全面投入使用。该系统除了拥有原本收集、存储飞行训练数据、自动生成各类报表的功能外，还集成了执照考试成绩查询和训练质量辅助分析等功能。

在对飞行数据电子网络化取得很好的经济和安全效益后，学院继续对电子飞行数据进行开发研究，经过多次升级完善，形成现行使用的“飞行训练管理系统”。

（三）基地建设

学院从发挥院校社会责任、带动行业发展的角度出发。通过输出安全管理、训练大纲、训练标准等，与国内其他培训机构开展合作，开启了学院在飞行员培训校企合作方面的新篇章。

从2014年10月学院与珠海中航飞校合作开始至今，已共同培养600余名学员。开展对外合作的同时，学院稳步推进“分院+基地”战略，不断拓展训练航线，满足提高训练总量的资源需求。

2019年5月，在自贡凤鸣机场举行了中飞院自贡训练基地揭牌仪式。这是“分院+基地”模式下的首个飞行训练基地。中飞院自贡训练基地揭牌仪式取得时间6–9.

图6–9　中飞院自贡训练基地揭牌仪式

2020年5月，中国民用航空飞行学院–珠海中航飞行学校有限公司梧州基地（简称“中飞院–中航飞校梧州基地”）揭牌仪式在广西梧州举行，双方同时签署并交换了整体课程委培合同。中飞院–中航飞校梧州基地揭牌仪式见图6–10。

图6–10　中飞院–中航飞校梧州基地揭牌仪式

2020年9月，中国民用航空飞行学院—北大荒通用航空有限公司飞行培训哈尔滨基地揭牌仪式暨首批飞行学员开学典礼在肇东机场隆重举行，见图6–11。

图6–11 中国民用航空飞行学院—北大荒通用航空有限公司飞行培训哈尔滨基地揭牌仪式暨首批飞行学员开学典礼

2020年11月，学院在重庆永川机场实现“走训”，为下一步的基地建设踏出了重要一步。

六、质量管理

（一）检查与考试

在飞行训练中，适时对学生进行技术检查或考试是了解学生对飞行技术的掌握程度，保障飞行安全的重要保证。通过检查或考核，还可以发现教学方法的优缺点，从而达到依靠促教提高训练质量的目的。

1、飞行筛选检查

飞行筛选检查由飞行大队和分院共同组织，并按照飞行训练大纲和相应技术动作评分标准进行评定。对学生的飞行能力进行全面、综合的判定，特别是对于后进学生，要组织多人检查，确实判明不适合飞行的学生，应中止其飞行。

2、毕（结）业、执照实践考试

1994年前，学生的毕（结）业考试工作的组织流程为：由学院（校）在学生毕（结）业前，下发通知，由主管训练的副院（校）长牵头，院（校）机关和分院（校、团）领导参加，组成临时考试委员会，负责学生考试事宜。1967～1971年曾一度取消了学员的毕（结）业考试，学员飞完大纲课目就毕（结）业出校。1972年恢复了学员的毕（结）业考试。1994年4月，学院成立了飞行技术考试委员会，负责全院学生训练，成人改专业或改装训练，模拟机训练的毕（结）业飞行技术考试工作。学生训练考试按照飞行训练大纲和相应机型评分标准进行评定。考试不合格者，可适当增加时间（分院有权增加本训练阶段飞行时数的5%，超过5%需报学院批准，但最多不超过10%），补考仍不合格者，不能毕（结）业。

1997年，即初步实行了飞行训练教考分离。从那之后的多年，学院针对教考不分，即本分院训练的学生全部由自己进行飞行考试的弊端，组织其他分院和机关检查员组成飞行考试小组，在考试委员会领导下，对毕（结）业学生进行考试，这不仅起到了严格考试标准，客观评价训练质量的作用，而且增进了各分院之间的教学交流。

1999年，为了加强检查员队伍的管理，成立了学院飞行技术质量检查员队伍，并拟定了检查员工作手册以提高按章执检的意识，保持技术检查的严肃性和权威性。

2004年总局颁布了《实践考试标准》，规范了获取飞行执照的实践考试的具体实施方法，明确了考试通过的标准。为认真贯彻《实践考试标准》，2005年学院成立了以院长为主任的“学院飞行执照考试委员会”，下设“执照理论考试组”和“飞行实践考试组”，统一领导学院的执照考试工作。

2007年学院重新调整了委任代表队伍，将教学经验丰富的副大队长、中队长、二级以上骨干飞行教师作为委任代表的主要组成部分，组成考试小组。凡是局方要求的实践考试，全部由实践考试小组负责，统一标准，杜绝考试的随意性，严格按照《实践考试标准》进行考试，对达不到标准的，要坚持补充训练，经过补充训练仍然不能完成训练大纲要求的，要与公司沟通协商以解决问题。把住实践考试这个关口，确保学院的训练质量。

2012年，为了更好地开展训练质量分析工作，使飞行教学和飞行技术研讨常态化，学院在各分院成立了“实践考试工作小组”，全面实施教考分离。学院从各分院选拔优秀教师进入“实践考试工作小组”，经过学院的集中培训，专职负责飞行实践考试。飞标处为“实践考试工作小组”的工作制定了严格的流程、职责、预定任务和报告制度，进一步规范了飞行实践考试工作，最终达到对学院训练质量进行独立评估，以考促教的目的。

图6-12 机前指示

（二）机长训练

单飞训练最早是以单飞考试的形式完成的，由飞行部和分院共同组织。按照飞行训练大纲和相应机型评分标准进行评定。考试不合格者，可适当增加时间（分院有权增加本训练阶段飞行时数的5%，超过5%需报学院批准），补考仍不合格者，应中止其飞行。

随着训练模式的改革发展，训练内容与国际训练标准接轨，1998年，学院在TB20/200型飞机上首次进行学员单人制飞行。为不断深化训练改革，严格训练，积累了成功的经验。

1999年，学院又在夏延、运七高教机上组织了学生进行首次单飞训练。此次高教机学生全面放单飞是学院依法治校的具体行动；是学院面对市场竞争，勇于争一流、创名牌的大胆尝试；是对学院飞行教师教学水平和飞行教学训练的组织能力的真实检验，是提高高教机训练质量的重大突破。

从2006年《航线运输驾驶员整体训练大纲》全面实施至今，学生单飞机长和学生机组训练已成为飞行训练的重要组成部分。学院一步一个脚印，扎实推进学生飞行技能训练，把“三基建设”始终放在首位，学生机长训练时间最高占到总飞行训练量的42%，已经接近训练大纲中44%的理论值。

第七章
飞行训练运行管理

一、民用航空器驾驶员学校合格证审定

中国民航的快速发展使得行业对民航飞行员需求量迅速增大，中外飞行员培训机构因此如雨后春笋般大量涌现，但各机构质量良莠不齐，阻碍了民航飞行员队伍的建设。为规范和加强对国内外培养民航飞行员的训练机构的管理，促进民航飞行员培训业的健康发展，中国民用航空总局结合我国的国情，以高于国际水平的标准编制了《民用航空器驾驶员学校合格证审定规则》（CCAR-141部），并于2005年1月15日正式颁布、实施。

该法规公布后，民航局要求以此为原则，对全国以及世界各地接收中国学员进行飞行训练的驾驶员学校进行重新审定，只有满足CCAR-141部所涉内容，并通过合格审定，获得局方颁发的《民用航空器驾驶员学校合格

证》，方才具备为中国民航培养飞行员的资格。飞行学校按照《民用航空器驾驶员学校合格审定规则》（CCAR-141部）提供飞行训练，包括私照、商照、仪表等级课程和面向121部大型运输航空公司副驾驶培训的整体训练课程等。

CCAR-141部的内容包括：颁发民用航空器驾驶员学校合格证、境外驾驶员学校认可证书和相关课程等级的条件和程序，以及驾驶员学校合格证、境外驾驶员学校认可证书和相关课程等级的持有人应当遵守的运行规则。

二、学院民用航空器驾驶员学校合格证审定

CCAR-141部民用航空器驾驶员学校合格证审定旨在全面促进民用航空器驾驶员学校运行管理工作的制度化、规范化、科学化，推进各项事业持续、健康、协调发展。

学院紧紧围绕“141部”的有关要求，依法办学、规范训练，不断查漏补缺，修订完善规章制度，在改善训练基础设施，强化教学运行管理等方面做了大量卓有成效的工作，运行环境、运行管理条件、运行管理设施等软硬件均符合CCAR-141部的相关要求，大大提升了学院的教学训练质量、安全运行和规范化管理水平，在运行控制、飞行训练质量监控、训练规划、机组管理等方面达到国际领先水平，在国内独树一帜。

CCAR-141部正式合格证的取得，对学院全面加强飞行训练工作来说是一个新起点。学院以此为契机，严格按照“141”部规范实施训练教学和运行管理，不断完善运行手册，加强依法训练的监督、检查力度，切实把规章标准、运行手册和安全措施贯彻落实到教学、运行的各个环节中，实现了安全、高效、规范的运行目标，切实承担起“科教兴业”“人才强业”的历史重任，为中国民航发展做出新的贡献。

（一）临时合格证

为了确保飞行训练各项安全运行管理工作能满足CCAR-141部的要求，2005年5月，学院成立了CCAR-141部航空器驾驶员学校合格证审定迎审工作小组。

2005年12月7日，学院向民航西南管理局递交了合格审定申请，在民航西南管理局的指导和学校的统一部署下，经过深入动员，逐渐提高了全校师生对CCAR-141部运行合格审定工作重要性的认识。学院飞行、机务、空管等保障部门以CCAR-141部为标准，对照现行的飞行训练和机务维修保障等工作进行了全面而深入的自查和制度建设，并针对存在的不足，迅速投入力量进行整改。

经过整章建制和申报、审定等程序，学院顺利通过局方审定，于2006年8月18日获得局方颁发的“民用航空器驾驶员学校临时合格证”，编号NO.02，具体见图7-1。

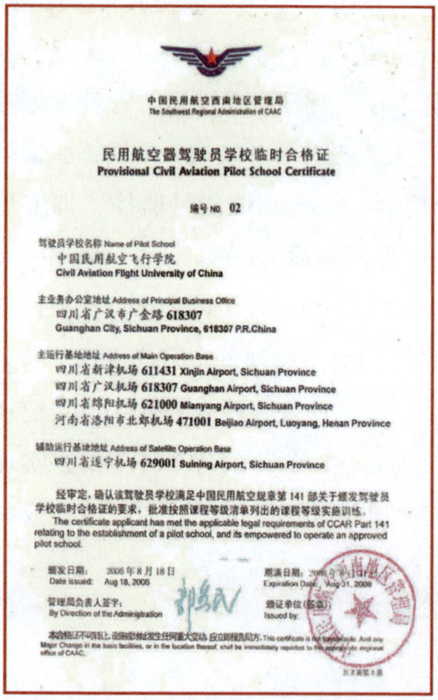
中国民用航空西南地区管理局
The Southwest Regional Administration of CAAC

民用航空器驾驶员学校临时合格证
Provisional Civil Aviation Pilot School Certificate

编号 NO. 02

驾驶员学校名称 Name of Pilot School
中国民用航空飞行学院
Civil Aviation Flight University of China

主业务办公室地址 Address of Principal Business Office
四川省广汉市广金路 618307
Guanghan City, Sichuan Province, 618307 P.R.China

主运行基地地址 Address of Main Operation Base
四川省新津机场 611431 Xinjin Airport, Sichuan Province
四川省广汉机场 618307 Guanghan Airport, Sichuan Province
四川省绵阳机场 621000 Mianyang Airport, Sichuan Province
河南省洛阳市北郊机场 471001 Beijiao Airport, Luoyang, Henan Province

辅助运行基地地址 Address of Satellite Operation Base
四川省遂宁机场 629001 Suining Airport, Sichuan Province

经审定，确认该驾驶员学校满足中国民用航空规章第141部关于颁发驾驶员学校临时合格证的要求，批准按照课程等级清单列出的课程等级实施训练。
The certificate applicant has met the applicable legal requirements of CCAR Part 141 relating to the establishment of a pilot school, and its empowered to operate an approved pilot school.

颁发日期：2006年8月18日
Date issued: Aug 18, 2006

期满日期：
Expiration Date: Aug 31, 2008

管理局负责人签字：
By Direction of the Administration

颁证单位（签章）：
Issued by:

本合格证不可转让，设施或地址发生任何重大变动，应立即报告局方。This certificate is not transferable. And any Major Change in the basic facilities, or in the location thereof, shall be immediately reported to the appropriate regional office of CAAC.

图7-1　民用航空器驾驶员学校临时合格证
2006年8月18日　NO.02

（二）正式合格证

2006年学院顺利获得141部学校临时合格证后，为达到CCAR–141部中正式合格证的要求，两年来，学校党委站在对民航健康发展负责、对学校历史和未来负责的高度，将满足CCAR–141部运行要求作为学院的头等大事、一号工程，严格按照相关法规和学校《运行手册》组织飞行教学。

期间，在民航局和西南地区管理局的指导、帮助下，学校结合法规的更新和运行实际，及时对《运行手册》、各类训练课程大纲、教材等进行了修订，完善了各类训练所需的设施设备，调整了人员和机构职能，规范了内部管理，使学校的飞行运行完全符合法规要求，推动了培训质量的整体提高。

2008年，依照CCAR–141部规定，学院所持临时合格证的两年期限已满，需申请“正式合格证”。为此，学院成立了CCAR–141部正式合格证申请领导小组，并向局方提交了审定申请。

民用航空器驾驶员学校合格证颁证仪式见图7–2。

图7–2　民用航空器驾驶员学校合格证颁证仪式

克服“5·12”特大地震的影响，在参与保障中国民航史上规模最大的一次使用直升机执行抗震救灾任务的同时，安运办运行科完成了迎审材料的准备工作，顺利通过了局方文件审查和现场验证检查。

2008年9月13日，在学院隆重召开的CCAR-141部运行合格审定颁证典礼上，民航西南地区管理局向学院颁发了民用航空器驾驶员学校合格证（编号NO.01）（见图7-3），这标志着中国最大的飞行员培养基地已建立起符合CCAR-141部要求、与国际接轨的飞行训练运行管理体系。

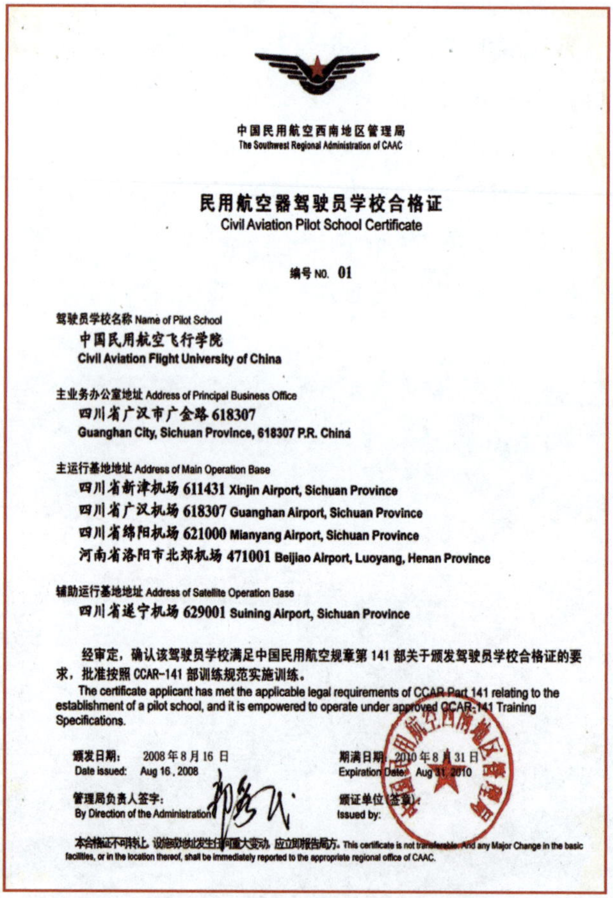
中国民用航空西南地区管理局
The Southwest Regional Administration of CAAC

民用航空器驾驶员学校合格证
Civil Aviation Pilot School Certificate

编号 NO. 01

驾驶员学校名称 Name of Pilot School
中国民用航空飞行学院
Civil Aviation Flight University of China

主业务办公室地址 Address of Principal Business Office
四川省广汉市广金路 618307
Guanghan City, Sichuan Province, 618307 P.R. China

主运行基地地址 Address of Main Operation Base
四川省新津机场 611431 Xinjin Airport, Sichuan Province
四川省广汉机场 618307 Guanghan Airport, Sichuan Province
四川省绵阳机场 621000 Mianyang Airport, Sichuan Province
河南省洛阳市北郊机场 471001 Beijiao Airport, Luoyang, Henan Province

辅助运行基地地址 Address of Satellite Operation Base
四川省遂宁机场 629001 Suining Airport, Sichuan Province

经审定，确认该驾驶员学校满足中国民用航空规章第 141 部关于颁发驾驶员学校合格证的要求，批准按照 CCAR-141 部训练规范实施训练。

The certificate applicant has met the applicable legal requirements of CCAR Part 141 relating to the establishment of a pilot school, and it is empowered to operate under approved CCAR-141 Training Specifications.

颁发日期： 2008 年 8 月 16 日
Date issued: Aug 16 , 2008

期满日期： 2010 年 8 月 31 日
Expiration Date: Aug 31, 2010

管理局负责人签字：
By Direction of the Administration

颁证单位(签章)：
Issued by:

本合格证不可转让，设施或地址发生任何重大变动，应立即报告局方。This certificate is not transferable. And any Major Change in the basic facilities, or in the location thereof, shall be immediately reported to the appropriate regional office of CAAC.

图7-3　民用航空器驾驶员学校合格证2008年8月16日　NO.01

（三）合格证更新

CCAR141部规定合格证在颁发月份之后第24个日历月的最后一天有效期满，学院顺利通过了局方更新审定，取得了民用航空器驾驶员学校合格证，各年的合格证具体见图7-4～7-10。

中国民用航空西南地区管理局
The Southwest Regional Administration of CAAC

民用航空器驾驶员学校合格证
Civil Aviation Pilot School Certificate

编号 NO. 01

驾驶员学校名称 Name of Pilot School
中国民用航空飞行学院
Civil Aviation Flight University of China

主业务办公室地址 Address of Principal Business Office
四川省广汉市广金路 618307
Guanghan City, Sichuan Province, 618307 P.R. China

主运行基地地址 Address of Main Operation Base
四川省新津机场 611431 Xinjin Airport, Sichuan Province
四川省广汉机场 618307 Guanghan Airport, Sichuan Province
四川省绵阳机场 621000 Mianyang Airport, Sichuan Province
河南省洛阳市北郊机场 471001 Beijiao Airport, Luoyang, Henan Province

辅助运行基地地址 Address of Satellite Operation Base
四川省遂宁机场 629001 Suining Airport, Sichuan Province

经审定，确认该驾驶员学校满足中国民用航空规章第 141 部关于颁发驾驶员学校合格证的要求，批准按照 CCAR-141 部训练规范实施训练。

The certificate applicant has met the applicable legal requirements of CCAR Part 141 relating to the establishment of a pilot school, and it is empowered to operate under approved CCAR-141 Training Specifications.

颁发日期： 2010 年 8 月 25 日
Date issued: Aug 25 , 2010

期满日期：2012 年 8 月 31 日
Expiration Date: Aug 31, 2012

管理局负责人签字：
By Direction of the Administration

颁证单位(签章)：
Issued by:

本合格证不可转让。设施或地址发生任何重大变动，应立即报告局方。This certificate is not transferable. And any Major Change in the basic facilities, or in the location thereof, shall be immediately reported to the appropriate regional office of CAAC.

图7-4　民用航空器驾驶员学校合格证（取得时间：2010年8月25日）

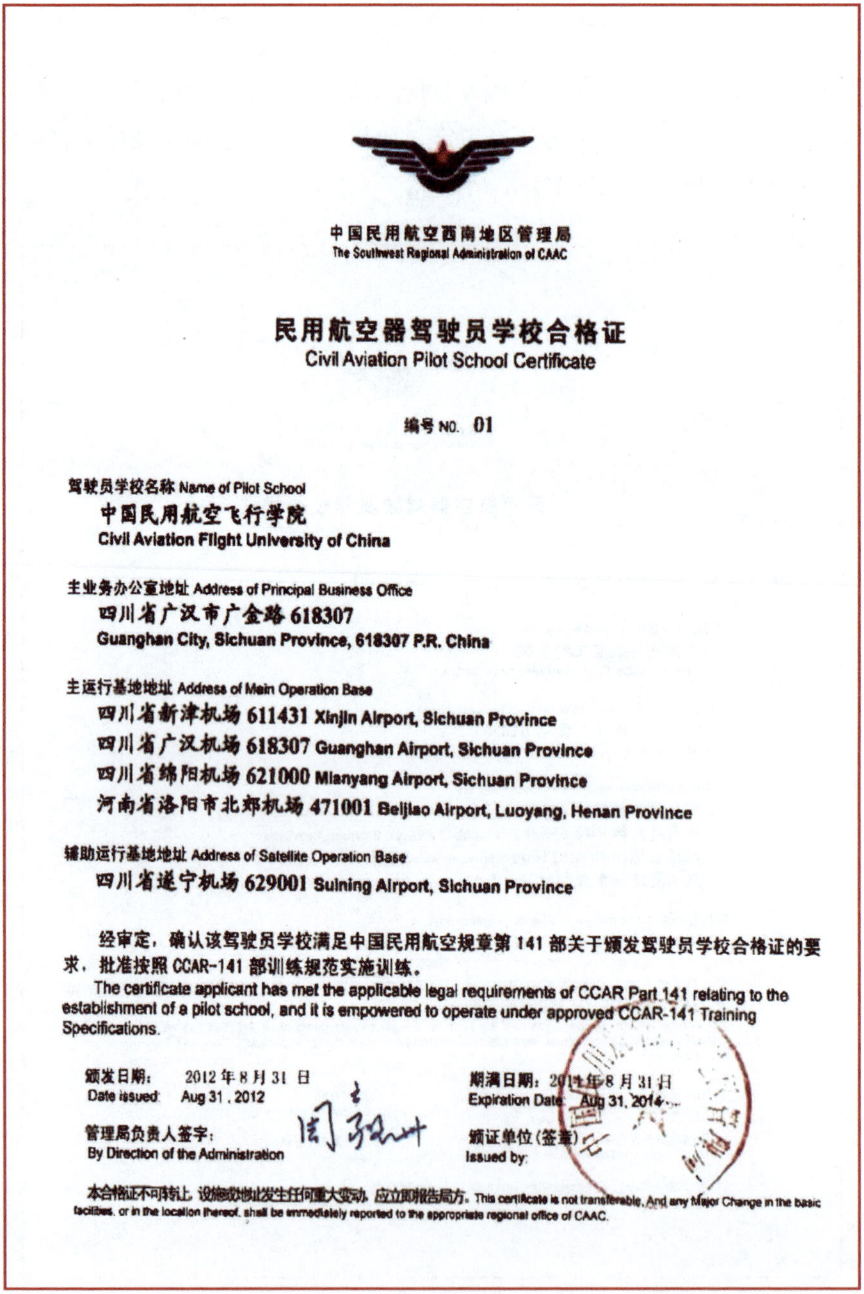

中国民用航空西南地区管理局
The Southwest Regional Administration of CAAC

民用航空器驾驶员学校合格证
Civil Aviation Pilot School Certificate

编号 NO. 01

驾驶员学校名称 Name of Pilot School
中国民用航空飞行学院
Civil Aviation Flight University of China

主业务办公室地址 Address of Principal Business Office
四川省广汉市广金路 618307
Guanghan City, Sichuan Province, 618307 P.R. China

主运行基地地址 Address of Main Operation Base
四川省新津机场 611431 Xinjin Airport, Sichuan Province
四川省广汉机场 618307 Guanghan Airport, Sichuan Province
四川省绵阳机场 621000 Mianyang Airport, Sichuan Province
河南省洛阳市北郊机场 471001 Beijiao Airport, Luoyang, Henan Province

辅助运行基地地址 Address of Satellite Operation Base
四川省遂宁机场 629001 Suining Airport, Sichuan Province

经审定，确认该驾驶员学校满足中国民用航空规章第 141 部关于颁发驾驶员学校合格证的要求，批准按照 CCAR-141 部训练规范实施训练。

The certificate applicant has met the applicable legal requirements of CCAR Part 141 relating to the establishment of a pilot school, and it is empowered to operate under approved CCAR-141 Training Specifications.

颁发日期： 2012 年 8 月 31 日
Date issued: Aug 31 , 2012

期满日期：2014 年 8 月 31 日
Expiration Date: Aug 31, 2014

管理局负责人签字：
By Direction of the Administration

颁证单位(签章)
Issued by:

本合格证不可转让，设施或地址发生任何重大变动，应立即报告局方。This certificate is not transferable. And any Major Change in the basic facilities, or in the location thereof, shall be immediately reported to the appropriate regional office of CAAC.

图7-5 民用航空器驾驶员学校合格证（取得时间：2012年8月31日）

中国民用航空西南地区管理局
The Southwest Regional Administration of CAAC

民用航空器驾驶员学校合格证
Civil Aviation Pilot School Certificate

编号 NO. **01R4**

驾驶员学校名称 Name of Pilot School

中国民用航空飞行学院
Civil Aviation Flight University of China

主业务办公室地址 Address of Principal Business Office

四川省广汉市广金路 618307
Guanghan City, Sichuan Province, 618307, P.R. China

主运行基地地址 Address of Main Operation Base

四川省广汉机场 618307 Guanghan Airport, Sichuan Province

辅助运行基地地址 Address of Satellite Operation Base

四川省新津机场 611431 Xinjin Airport, Sichuan Province
四川省遂宁机场 629001 Suining Airport, Sichuan Province
四川省绵阳市南郊机场 621000 Nanjiao Airport, Mianyang, Sichuan Province
河南省洛阳市北郊机场 471001 Beijiao Airport, Luoyang, Henan Province

经审定，确认该驾驶员学校满足中国民用航空规章第 141 部关于颁发驾驶员学校合格证的要求，批准按照 CCAR-141 部训练规范实施训练。

The certificate applicant has met the applicable legal requirements of CCAR Part 141 relating to the establishment of a pilot school, and it is empowered to operate under approved CCAR-141 Training Specifications.

颁发日期： 2014 年 8 月 28 日
Date issued: Aug 28 , 2014

期满日期： 2016 年 8 月 31 日
Expiration Date: Aug 31, 2016

管理局负责人签字：
By Direction of the Administration of CAAC

颁证单位(签章)：
Issued by:

本合格证不可转让。设施或地址发生任何重大变动，应立即报告局方。This certificate is not transferable. And any Major Change in the basic facilities, or in the location thereof, shall be immediately reported to the appropriate regional office of CAAC.

图7-6 民用航空器驾驶员学校合格证（取得时间：2014年8月28日 NO.01R4）

中国民用航空西南地区管理局
SOUTHWEST REGIONAL ADMINISTRATION OF CAAC

民用航空器驾驶员学校合格证
Civil Aviation Pilot School Certificate

编号 Number **01R5**

驾驶员学校名称 Name of Pilot School

中国民用航空飞行学院 Civil Aviation Flight University of China

主业务办公室地址 Address of Principal Business Office

四川省广汉市南昌路四段46号民航飞行学院安运办

Aviation operation and safety management department, CAFUC, No.46, 4th section of Nanchang Road, Guanghan, Sichuan Province

主运行基地地址 Address of Main Operation Base

四川省广汉市广汉机场 Guanghan Airport, Guanghan, Sichuan Province

辅助运行基地地址 Address of Satellite Operation Base

四川省成都市新津机场 Xinjin Airport, Chengdu, Sichuan Province
四川省遂宁市南坝机场 Nanba Airport, Suining, Sichuan Province
四川省绵阳市南郊机场 Nanjiao Airport, Mianyang, Sichuan Province
河南省洛阳市北郊机场 Beijiao Airport, Luoyang, Henan Province

经审定，确认该驾驶员学校满足中国民用航空规章第141部关于颁发驾驶员学校合格证的要求，批准按照课程等级清单列出的课程等级实施训练。

The certificate applicant has met the applicable legal requirements of CCAR Part 141 relating to the establishment of a pilot school, and is empowered to operate an approved pilot school.

颁发日期： 2016年08月15日
Date issued: Aug. 15th, 2016

期满日期： 2018年08月31日
Expiration Date: Aug. 31st, 2018

局长授权人签字：
By direction of the Administrator

颁证单位(签章)：中国民用航空西南地区管理局
Issued by: Southwest Regional Administration of CAAC

本合格证不可转让。基本设施或位置的任何重大变动，应立即报告局方。This certificate is not transferable. And any major change in the basic facilities or in the location thereof, shall be immediately reported to the appropriate regional office of CAAC.

FS-CH-141-03(1/05) 共2页第1页

图7–7 民用航空器驾驶员学校合格证［取得时间：2016年8月15日 NO.01R5（1）］

民用航空器驾驶员学校合格证

Civil Aviation Pilot School Certificate

编号 Number 01R5

中国民用航空飞行学院 Civil Aviation Flight University of China

课程等级清单 Approved Courses Rating List

课程等级 Course Rating	航空器类别、级别或型别等级 Aircraft Category/Class/Type Rating	批准日期 Approved Date	修订记录 Revision No.
航线运输驾驶员（飞机）整体课程 Airline Transport Pilot(Airplane) Integrated Course	飞机单发陆地 Airplane Single Engine Land 飞机多发陆地 Airplane Multi-engine Land	2016年7月14日 Jul. 14, 2016	2016
高性能多发飞机训练课程 High Performance Airplane Course	飞机多发陆地 Airplane Multi-engine Land	2016年7月14日 Jul. 14, 2016	2016
私用驾驶员执照课程 Private Pilot License Course	飞机单发陆地 Airplane Single Engine Land 飞机多发陆地 Airplane Multi-engine Land 直升机 Helicopter	2016年7月14日 Jul. 14, 2016	2016
商用驾驶员执照课程 Commercial Pilot License Course	飞机单发陆地 Airplane Single Engine Land 飞机多发陆地 Airplane Multi-engine Land 直升机 Helicopter	2016年7月14日 Jul. 14, 2016	2016
仪表等级课程 Instrument Rating Course	飞机 Airplane 直升机 Helicopter	2016年7月14日 Jul. 14, 2016	2016
增加类别/级别等级课程 Additional Category and/or Class Rating Course	飞机单发陆地 Airplane Single Engine Land 飞机多发陆地 Airplane Multi-engine Land	2016年7月14日 Jul. 14, 2016	2016
型别等级课程 Type Rating Course	飞机多发陆地 Airplane Multi-engine Land CE-525, MA-60	2016年7月14日 Jul. 14, 2016	2016
基础教员等级课程 Flight Instructor Rating Course	飞机单发陆地 Airplane Single Engine Land 飞机多发陆地 Airplane Multi-engine Land 直升机 Helicopter	2016年7月14日 Jul. 14, 2016	2016
仪表教员等级课程 Flight Instructor-Instrument Rating Course	飞机 Airplane 直升机 Helicopter	2016年7月14日 Jul. 14, 2016	2016
高性能多发飞机飞行教员课程 High Performance Airplane Flight Instructor Course	飞机多发陆地 Airplane Multi-engine Land CE-525, MA-60	2016年7月14日 Jul. 14, 2016	2016
型别教员等级课程 Type Rating Instructor Course	飞机多发陆地 Airplane Multi-engine Land CE-525, MA-60	2016年7月14日 Jul. 14, 2016	2016
飞行教员更新课程 Flight Instructor Renewal Course	飞机 Airplane 直升机 Helicopter	2016年7月14日 Jul. 14, 2016	2016
特技和机动飞行课程 Aerobatics and Maneuvers Flight Course	飞机单发陆地 Airplane Single Engine Land	2016年7月14日 Jul. 14, 2016	2016
航线运输驾驶员执照理论课程 Airline Transport Pilot Theory Course	-	2016年7月14日 Jul. 14, 2016	2016
中国国际航空多人制机组驾驶员执照课程 Air China MPL Program	A-320, B-737	2015年7月3日 Jul. 3, 2015	1
中国东方航空多人制机组驾驶员执照课程 China Eastern MPL Program	A-320, B-737	2014年12月12日 Dec. 12, 2014	1
中国南方航空多人制机组驾驶员执照课程 China Southern MPL Program	A-320, B-737	2015年7月3日 Jul. 3, 2015	1
春秋航空多人制机组驾驶员执照课程 Spring Airlines MPL Program	A-320	2016年5月16日 May. 16, 2016	1

主任监察员所在单位：中国民用航空四川安全监督管理局飞行标准处

Working unit of POI: Flight Standards Division of Sichuan Safety Oversight Bureau of CAAC

主任监察员签字：

Signature of POI:

FS-CH-141-03(1/05) 共2页第2页

图7–8　民用航空器驾驶员学校合格证［取得时间：2016年8月15日　NO.01R5（2）］

中国民用航空局
CIVIL AVIATION ADMINISTRATION OF CHINA

民用航空器驾驶员学校合格证

Civil Aviation Pilot School Certificate

编号 Number X-001R6-XN

驾驶员学校名称 Name of Pilot School

中国民用航空飞行学院

主运行基地及地址 Address of Main Operation Base

四川省广汉机场

辅助运行基地及地址 Address of Satellite Operation Bases

四川省广汉机场，四川省新津机场，四川省绵阳南郊机场，四川省遂宁南坝机场，河南省洛阳北郊机场

经审定，确认该驾驶员学校满足中国民用航空规章第141部关于颁发驾驶员学校合格证的要求，批准按照相应的法规、标准和局方颁发的训练规范实施运行。

The certificate applicant has met the applicable legal requirements of CCAR-141 relating to the establishment of a pilot school, and it is empowered to operate under the relevant laws and regulations, standards, and the approved CCAR-141 Training Specifications.

颁发日期：2006年08月18日 Date issued: AUG 18 2006
更新日期：2018年08月27日 Renewal date: AUG 27 2018
期满日期：2020年08月31日 Expiration date: AUG 31 2020

局长授权人签字：
颁发单位（签章）：中国民用航空西南地区管理局

By direction of the Administration:
Issued by: Southwest Regional Admin., CAAC

本合格证不可转让。基本设施或位置的任何重大变动，应立即报告局方的相应监督管理办公室。This certificate is not transferable. Any major change in the basic facilities, or in the location thereof, shall be immediately reported to the appropriate regional office of CAAC.

图7-9 民用航空器驾驶员学校合格证

（取得时间：2018年8月27日 Number.X-001R6-XN）

中国民用航空局
CIVIL AVIATION ADMINISTRATION OF CHINA

民用航空器驾驶员学校合格证

Civil Aviation Pilot School Certificate

编号 Number X-001R8-XN

驾驶员学校名称 Name of Pilot School

中国民用航空飞行学院

主运行基地及地址 Address of Main Operation Base

四川省广汉机场

辅助运行基地及地址 Address of Satellite Operation Bases

四川省自贡机场，四川省新津机场，四川省绵阳南郊机场，四川省遂宁南坝机场，河南省洛阳北郊机场

经审定，确认该驾驶员学校满足中国民用航空规章第141部关于颁发驾驶员学校合格证的要求，批准按照相应的法规、标准和局方颁发的训练规范实施运行。

The certificate applicant has met the applicable legal requirements of CCAR-141 relating to the establishment of a pilot school, and it is empowered to operate under the relevant laws and regulations, standards, and the approved CCAR-141 Training Specifications.

颁发日期： 2006年08月18日 Date issued: AUG 18 2006
更新日期： 2020年08月12日 Renewal date: AUG 12 2020
期满日期： 2022年08月31日 Expiration date: AUG 31 2022

局长授权人签字：
By direction of the Administration:

颁发单位（签章）：中国民用航空西南地区管理局
Issued by: Southwest Regional Admin., CAAC

本合格证不可转让。基本设施或位置的任何重大变动，应立即报告局方的相应监督管理办公室。This certificate is not transferable. Any major change in the basic facilities, or in the location thereof, shall be immediately reported to the appropriate regional office of CAAC.

图7-10 民用航空器驾驶员学校合格证

（取得时间：2020年8月12日 Number.X-001R8-XN）

（四）基地建设

学院的《“十三五”发展规划》指出，学院在发展中面临许多亟需解决的问题，包括训练资源紧张，培养能力受限，远远不满足民航发展的要求，等等。特别是飞行训练空域资源未得到根本改善，南北训练格局没有最终形成，无法满足训练保障需求。

从学院的现状和应该承担的民航发展的责任来看，学院需要做大做强。学院在《“十三五”发展规划》中明确了学院训练规划的发展思路，充分利用国内通用航空的发展契机，利用周边现有的通用机场，积极开展校企合作，加快拓展“分院+基地”的训练模式，重点开拓建设3至4个新的飞行训练驻站基地，以满足学院对训练保障的需求。

加快扩展川内、北方两个训练网络，制定川内“向南、向东发展”的战略规划，寻求新的训练资源，是学院扩大能力、航线规划和基地规划的一个战略性的方向。进驻自贡凤鸣机场，建设自贡训练基地，将学院的网络辐射向四川的南部和东部，将实现学院飞行训练和量的双提高，满足民航发展的要求。

2019年9月17日，按照中国民用航空局飞行标准司咨询通告《驾驶员学校辅助基地的设立和管理》AC-141-FS-2012-06的规定，学院顺利通过了自贡辅助运行基地合格审定，局方向学院颁发民用航空器驾驶员学校合格证取得时间7-11。

中国民用航空局
CIVIL AVIATION ADMINISTRATION OF CHINA

民用航空器驾驶员学校合格证

Civil Aviation Pilot School Certificate

编号 Number X-001R7-XN

驾驶员学校名称 Name of Pilot School

中国民用航空飞行学院

主运行基地及地址 Address of Main Operation Base

四川省广汉机场

辅助运行基地及地址 Address of Satellite Operation Bases

四川省广汉机场，四川省自贡机场，四川省新津机场，四川省绵阳南郊机场，四川省遂宁南坝机场，河南省洛阳北郊机场

经审定，确认该驾驶员学校满足中国民用航空规章第141部关于颁发驾驶员学校合格证的要求，批准按照相应的法规、标准和局方颁发的训练规范实施运行。

The certificate applicant has met the applicable legal requirements of CCAR-141 relating to the establishment of a pilot school, and it is empowered to operate under the relevant laws and regulations, standards, and the approved CCAR-141 Training Specifications.

颁发日期：2006年08月18日 Date issued: AUG 18 2006

更新日期：2019年09月17日 Renewal date: SEP 17 2019

期满日期：2020年08月31日 Expiration date: AUG 31 2020

局长授权人签字：

颁发单位（签章）：中国民用航空西南地区管理局

By direction of the Administration:

Issued by: Southwest Regional Admin., CAAC

本合格证不可转让。基本设施或位置的任何重大变动，应立即报告局方的相应监督管理办公室。This certificate is not transferable. Any major change in the basic facilities, or in the location thereof, shall be immediately reported to the appropriate regional office of CAAC.

图7-11 民用航空器驾驶员学校合格证

（取得时间：2019年9月17日 Number.X-001R6-XN）

三、安全运行监督管理

2017年，民航局引进民航飞行标准监督管理系统FSOP（Flight Standerd Overseeing Program），用于收集针对航空公司和通航企业的安全运行监督管理数据，其设计理念基于安全管理体系的风险管理和过程控制。FSOP系统登录界面见图7–12。

图7–12　FSOP系统登录界面

FSOP系统的核心是审定监察系统，通过六个安全属性程序、控制、流程测量、接口、责任和权力的设定，统一了监管数据收集和分析的标准和模式。同时，FSOP具有强大的数据汇总和分析能力，能帮助合格证管理局的主任监察员全面掌握合格证持有人的运行状况，为确保持续监督安全提供有力保障。

FSOP系统充分发挥了科技优势，结合我国实际情况，以系统安全理论指导局方监察活动，在飞标监察活动中贯穿了“四个责任”，是新时期监管模式的创新。在学院跨区域运行日趋频繁的情况下，FSOP系统的全面推广实施，使用全国统一规范的检查工作单和技术平台，对学院的民用航空器驾驶员学校合格证和CCAR141训练规范（包括训练基地、训练课程、人员资质、航空器、文件手册和设施设备等）审定流程进行管理，对于全面了解和评估学院的运行安全态势和及时控制运行中的风险来说具有十分重要的意义。

第八章
年度安全工作报告选编

学院党委始终坚持年度航空安全工作会议机制，全面贯彻国家、民航局、民航西南地区管理局安全工作会议精神和要求，总结回顾上一年度飞行训练安全工作，谋划部署当年飞行训练重点安全工作，为实现年度航空安全目标指明努力方向。

一、2007年度安全工作报告

依法运行　狠抓落实

创安全业绩　建和谐飞院

关立欣

2007年1月20日

同志们：

我代表学院将去年航空安全工作情况和今年的航空安全工作计划报告如下：

2006年航空安全工作回顾

2006年，学院在航空安全工作中，始终坚持“安全第一，预防为主，综合治理”的方针，以党中央、国务院领导对民航工作的重要指示为指针，认真贯彻民航总局“五严”要求，以提高教学训练质量为主线，以强化安全责任为重点，深化专项整治，加强基础建设，狠抓工作落实，推动安全训练长效机制的建立，团结一致，求真务实，顺利实现了年度航空安全目标。

主要成绩

——飞行安全。2006年全院未发生飞行事故，保持了比较平稳的安全训练形势，飞行事故征候万架次率为0.07，同比减少0.02。首次被民航总局授予“训练飞行安全一星奖”。

——空防安全。学院空防安全继续保持了良好的发展态势。洛阳机场全年共监护飞机2 059架次，安全检查旅客79 842人次；检查行李142 258件，开箱（包）检查107 397件。查处证件不符21人次、违禁品18件、限制物品107件。广汉机场安全检查乘客3 145人次，检查行李物品4 867件，查获违禁物品30件。继续保持了差错率和旅客投诉率为零的记录。

——教学训练。学院全年共完成飞机训练121 046：43小时/271 197次起落，同比增长14 376小时/40 674次起落。模拟机/练习器训练36 239：05小时。创造了学院历史训练小时新高。

——机务维护。学院机务维护工作全年共完成飞机、发动机50小时定检约4 840次，100小时以上各类定检约2 420次。均与去年同比增加近14%。飞机修理厂完成飞机大修30架，大修、检修发动机55台、螺旋桨修理68副。基本保证了学院正常的用机需求。

——运输生产。洛阳航站共保障航班2 059架次、包机20架次、专机10

架次；旅客吞吐量151 611人次；货邮吞吐量1 084吨，发展势头平稳。

——通航飞行。三星通航共完成人工增雨、航空摄影、航空护林、航空测绘、空中游览、科学实验、喷洒农药等飞行作业835：31小时，718架次。确保了飞行安全

——飞机引进。学院新引进飞机47架。其中，塞斯纳172初教机42架，小鹰500初教机3架，西门诺尔中教机5架。并签订了60架塞斯纳172飞机和13台模拟练习器的购机合同。

主要工作

一、始终坚持行之有效的安全工作制度

为使新学年的训练安全工作开好头，起好步。2月18日，学院召开了党委十二届五次全委（扩大）会和2006年安全工作会，会议传达了全国民航安全工作会议精神，全面系统地总结了学院2005年训练安全工作所取得的成绩、基本经验以及存在的问题；明确了2006年安全工作任务和要求，兑现了2005年《航空安全责任书》，签订了2006年度的《航空安全责任书》，表彰了05年度“质量安全最佳分院”。

结合新学年开学准备，各单位也都及时召开了工作会，认真理清工作思路，客观地分析了存在的问题，确定了努力方向和奋斗目标，层层签定安全责任书，落实安全责任。

学院始终坚持了定期安全形势分析会制度，根据不同训练阶段安全特点，分析训练安全工作中存在的问题，对下一阶段的训练安全工作进行周密计划和部署，提出要求。一年来，先后针对飞行训练中发生的突出问题，及时下发了21个关于加强训练安全工作的通知、通报和安全建议。

6月底学院领导带队对各分院、公司、航站、飞机修理厂进行了上半年安全大检查；11月底，学院又组织安全检查组分别对新津、广汉、洛阳、绵阳分院进行了飞标、训练工作专项检查。

按照学院要求，各单位较好地坚持了每月5日的“安全教育日”制度和

新职工上岗前的安全教育制度，保证了安全教育计划的顺利实施。为提高学院专职安全管理人员的业务素质，学院先后派送三名人员参加民航总局组织的航空安全监查员初始培训班学习、派送5人参加了西南管理局组织的西南地区航空安全管理信息系统培训等。

二、深入开展航空安全专项整治

根据总局“深化专项整治，解决突出问题”的工作部署，为巩固已取得的整改成果，防止个别整治项目出现反弹现象，学院各单位高度重视安全专项整治“回头看”工作，认真按照今年学院党委十二届五次全委（扩大）暨安全工作会议对安全专项整治工作部署要求，以及学院下发的“关于开展安全专项整治‘回头看’工作的通知”精神，重点对学院2005年底专项整治工作验收及安全大检查提出的问题和发现隐患的整改情况进行了复查，尤其对一些难度较大、涉及面较广的问题，制定了中、长期整改计划，进一步落实整改责任人。

结合2006年的工作特点，为深化航空安全专项整治工作学院专门制定了五项整治内容：一是继续对飞行四个阶段工作要求落实不够的问题进行专项整治。二是对飞行技术和训练质量管理力度不够的问题进行专项整治。三是对新飞行教师独立执教前的培训落实标准不够和执教后的管理使用粗放等问题进行专项整治。四是对机务维护技术管理薄弱的问题进行专项整治。五是对各级安全管理部门职责落实不够，工作缺乏力度的问题进行专项整治。具体工作主要表现在：

按照学院新时期飞行训练运行工作的需要，为满足民航相关法规要求，进一步加强机关职能部门的工作力量，更好地发挥管理效能，学院已决定撤消飞行安全技术处，成立了飞行训练标准处和航空安全运行管理办公室。

学院组织技术力量对06年留教的37名新飞行教师逐一进行了以教学能力和飞行技术为主要内容的检查，抽查了部分任教时间短于两年的飞行教师。针对存在的问题，一一提出了改进意见。

学院机务处牵头组织了全院机务大检查，首次对全院的机务维修工作进行了全方位彻底的检查，并重点对飞机维护质量、职能科室作用发挥和管理水平、多年来在机务维修工作中积存的问题提出了一些建设性意见，督促各单位积极整改。

新津分院为加强飞行队伍的作风建设，下发了《飞行人员行政管理补充规定》；并严格按照《驻外训练工作手册》组织分流训练，保证了驻外分流训练工作的顺利实施。广汉分院对现有技术管理程序和管理流程进行清理、补充和完善，制定了《工作程序手册》；针对飞行教学中存在的问题，出台了《关于飞行教学违规的处罚规定》；洛阳分院建立了《航空安全、训练质量检查汇总》记录本，加强了对检查出的问题督促落实、整改复查、完善措施等相关情况的记载；绵阳分院在全体人员中组织开展了“我为安全献计献策”活动；遂宁航站针对安全监察力度不够的问题，制订了《安全检查工作单》；飞机修理厂针对工作中发生的严重人为差错，在全厂开展了“遏制人为差错的专项教育和安全整顿”教育活动，认真查找和解决影响工厂修理质量、安全生产的隐患及事故苗头，深入剖析存在的问题，归纳出八个方面27个问题并提出具体改正措施。

三、扎实抓好新机型的训练运行

随着民航的快速发展，学院在训学生不断增加，学院原有的飞机数量不能满足训练需求的矛盾日渐凸显，为缓解这一矛盾，学院斥巨资引进了42架赛斯纳172初教机、6架CJ1高教机，经过全院上下努力，引进的这48架飞机逐步投入教学训练，加上订购的10架小鹰500（目前只交付了3架）和5架PA44飞机，学院的机队达到172架。另外，学院还签署了新购60架赛斯纳172飞机的合同，后续工作正在陆续进行。经过这一重大举措的实施，学院训练飞机架数将达到232架，为进一步构建新的训练布局奠定了坚实的基础，同时也为进一步提高学院的训练能力和培训层次创造了有利条件。

在新机型大量引进过程中，时间紧，工作头绪多，涉及面广，难度大的情况尤为严峻，各单位都非常重视，做了大量的前期准备工作。广汉、洛阳、绵阳分院专门召开了CJ1培训会，认真做好技术消化，力求减少对新机型的未知数，重点对飞机有关使用特点、维护情况等方面进行专门的学习研究，提出了CJ1初期投入使用注意的事项，并对特情处置进行了专门的探讨。在经过充分的准备，洛阳、广汉、绵阳三个分院执管的CJ1飞机都相继顺利投入了学生训练。

特别是在赛斯纳172飞机引进工作中，学院机务处为使飞机尽早投入运行，专门邀请民航总局适航审定司、西南管理局适航审定处有关人员到我院现场办公；飞机修理厂和广汉分院还先期从技术和人员上做了大量而细致的准备，在飞机组装、试飞工作中，密切配合厂家技术代表，发扬连续作战，奋勇当先的优良作风，为学院圆满完成赛斯纳172组装、试飞、正常运行做出了突出贡献。

赛斯纳172飞机的引进，满足了民航法规对螺旋科目训练的要求，解决了困扰学院几年的特技训练的难题。截至目前，学院大部分教师已经完成了赛斯纳172飞机机型改装和螺旋科目训练，螺旋教学已在学生训练中全面铺开，教学训练完全符合了法规要求。

四、积极推行新的训练组织模式

一是为了适应民航大发展对飞行人才的需求，学院对训练格局进行了重大战略调整，按照学院总体部署，新津、广汉、绵阳分院新组建了第三个飞行大队，并都在较短时间内顺利实现了正常运行。绵阳分院也已形成初、中、高三机制的训练机制，成为继广汉、洛阳分院后的又一个独立教学训练出口。全院性的“三班制”和“4+2”或“6+3”训练组织新模式年初正式进入运转，面对新的训练形势，从各级干部到普通教职员工，都能服从大局，始终与学院党委保持高度一致，正确认识、正确对待新的训练组织模式的转变，较快地适应了新的教学训练组织模式，有效地促进了教学训练任务的完成。遂宁航站也积极做好应对新的组织训练模式的保障工作，摆正位置，积极为训练所想，密切配合川内三个分院初、中机型的航线训练保障工作以及新津分院的驻站训练任务，始终把安全工作放在首要位置。新的训练模式的实施，给教学训练提供了较大的空间裕度，有效地提高了飞机利用率和训练能力，各单位年平均飞行日净增70多天，促进了训练机制进一步完善，使训练时间大幅增加。

二是以141部合格审定为契机，积极推行飞行训练运行管理新模式，满足法规要求。8月18日，经过预先申请、正式申请、文件审查、验证演示和颁证5个阶段的审定工作，学院正式通过了运行合格审定，取得了民用航空器驾驶员学校临时合格证。为认真搞好《运行手册》的贯彻学习工作，12月初，学院首先组织院领导和院机关各部门的主要领导集中进行了《运行手册》专题学习。同时，学院还专门下发了关于认真学习贯彻《运行手册》的通知，制定了详细的宣贯计划，成立了《运行手册》宣讲小组，前往各单位对加强《运行手册》学习的重要性进行指导和帮助。目前，两种规格的主《运行手册》已经全部配发到位。各类支持性手册也在积极地印刷中。

三是按照学院关于管制员承担塔台现场飞行指挥的要求，空管中心在人员，任务重，压力大的情况下，积极制定落实计划，组织管制员上塔台跟班学习、观摩，邀请资深指挥员传、帮、带。目前80%的一线管制员已经掌握进近指挥的初步技能，其中，部分人员已能独立上岗完成现场飞行指挥任务。

另外，ADS-B系统的引进和安装，改变了长期以来，学院各训练机场受到无管制雷达的困扰，在组织飞行训练时，只能依靠传统的摆棋子和目视方法指挥飞行教学的落后状况。有效地提高了航空器间的协同能力，实现了航空器运行中既能保持最小安全间隔，又能避免冲突，从而扩大了飞行容量，提高了空域和机场的利用率和飞行指挥的准确性，对进一步夯实飞行训练的安全基础将发挥重要作用。

五、广泛开展新机型使用和维护研讨

9月份，学院组织召开了172机型安全和技术专题研讨会，针对C-172机型特点、安全性能、飞行程序、特技飞行教学、特殊设备使用、方向教学、特情处置准备等进行了广泛研讨。统一了教学标准，明确了教学要求，下发了会议纪要。

下半年，学院机务处组织召开了奖状高教机维修工作研讨会，探讨奖状高教机维修工作特点和使用情况，增强维修措施的针对性和预防性；召开了172初教机飞机接收总结及技术研讨会，对飞机的接收工作进行了全面总结，并对该机型在运行中出现的问题及解决办法进行了深入交流；召开了西门诺尔飞机维修方案修订和2 000小时结构检查经验交流会，全面整合学院机务系统技术资料管理。

洛阳分院和绵阳分院为更好地做好塞斯纳172飞机的教学、指挥和机务维护工作，以及深入了解奖状飞机高空高速飞行特性、飞机运行限制和飞行性能、重量与平衡、高空生理、教学管理等，专门邀请了飞行技术学院的余江教授和陈俊教授到分院做专题讲座。

六、积极开展形式多样安全竞赛活动

一是根据国家和民航总局《关于开展2006年“安全生产月”活动的通知》精神，学院高度重视，专门成立了以郑院长为组长的安全生产月活动领导小组，下发了关于在全院范围内开展2006年“安全生产月”的通知，对活动的开展提出了指导思想和总体要求。通过活动的开展，有效地增强了全体教职工的安全意识。

二是在学院庆祝建校五十周年之际，为广泛调动全体干部职工建校、爱校的工作积极性，增强安全责任感，扎实工作，减少差错，杜绝冒尖问题发生，确保国庆和校庆期间的飞行安全，以良好、稳定的安全工作业绩迎接50周年校庆的到来，从7月1日～10月30日，学院在全院范围内开展了以“保证安全，迎接校庆”为主题的百日安全竞赛活动。在全院教职工的共同努力下，百日安全竞赛活动达到了预期的目的，有利地促进了校庆活动的正常进行。根据活动竞赛条件和评比办法，经学院航空安全委员会综合评定：绵阳分院为优胜单位；新津分院、三星通航、遂宁航站、空管中心为达标单位。

三是学院继续在四个飞行分院组织开展了《争创质量、安全最佳分院》竞赛活动。经综合评比绵阳分院被学院评为2006年度“质量、安全最佳分院”。

四是学院机务处在全院机务系统中组织开展了《争创无差错维修单位》竞赛活动活动。通过活动的开展，有效地避免了机务系统人为差错的发生。2006年，四个分院机务部门均未发生人为导致的严重差错以上的问题，经综合评定，洛阳分院机务工程部获优胜单位。

存在的问题

2006年，学院安全形势虽然总体平稳，但安全工作的发展并不平衡，特别是下半年以来个别分院连续发生多起不安全事件，人为原因尤为突出，有的性质还比较严重，没有造成严重后果，实属侥幸。全院共发生严重差错以上的问题7起。

（1）6月6日上午，广汉分院奖状/3647号机带学生执行广汉—洛阳航线训练任务，在宁陕上空，由于机组误听管制指令，盲目下降高度，被西安区调管制员及时发现纠正。

（2）7月9日，洛阳分院PA-44/3594号机地面滑行中，整个前起落掉进排水井中，前起落架右侧盖板前沿触地受损，双发螺旋桨均打地报废。

（3）7月11日，飞机修理厂在进行TB200／B-8827号飞机左机翼结构油箱渗漏检查过程中，因工作人员检查方法不当，违章操作，造成该机机翼5#～9#结构油箱和相邻区域的局部蒙皮及翼肋处损伤（变形）。

（4）7月29日，广汉分院塞斯纳172／B-7906飞机执行本场起落航线训练，正常下滑着陆过程中，学生修正方向偏差操纵不当，致使该机最后偏出跑道190米，飞机无损伤，机组人员安全。

（5）8月10日，广汉分院塞斯纳172/B–7905号机，在执行教师技术检查飞行任务中，由于机组操纵失误导致右机翼翼尖擦地。

（6）9月7日，广汉分院Y7/B–3480本场训练，进近过程中，由于继电器故障，致使右II组燃油泵不工作，造成供油中断，右发停车。

（7）10月8日，广汉分院塞斯纳172（C172）/B–7903号机进近着陆过程中，发生发动机空中停车事件。

以上问题的发生，反映出我们的安全基础还很薄弱，暴露出我们在如何防止人为差错上存在制度建立研究不细，工作中执行不力的问题，需要进一步落实的工作还很多。

2007年学院航空安全工作要点

2007年，是深入贯彻落实科学发展观，积极推进和谐校园建设的重要一年。学院在航空安全管理上，要认真贯彻落实学院党委第十二届六次全委（扩大）会精神，坚持“安全第一，预防为主，综合治理”的方针；依法办学，依法训练，加强飞行训练的运行控制管理，发挥政治思想工作的优势，充分调动全体干部职工的工作积极性，团结一致，齐心协力，促进学院又好又快地发展，顺利实现年度航空安全目标，构建安全、和谐校园。

面临的突出特点

1. 训练任务重，给安全工作带来严峻挑战

随着中国民航的高速发展，飞行员紧缺成为制约民航又好又快发展的突出问题之一。这一方面给学院带来了很好的发展机遇，同时也给学院的质量和安全工作带来了新的挑战和压力。如何搞好宏观调控，在实际工作中坚持“安全第一”不动摇；如何正确处理好安全与质量、进度之间的矛盾，成为各级领导主要考虑和正确把握的问题。

2. 训练机型杂，给安全工作带来很多困难

目前，学院初、中、高三种类别的机型已达10种之多，高教机就有3个

机型，且技术性能差别较大。客观地讲，机型多将使学院的安全工作面临巨大威胁，将会给保证安全带来很多困难。机型多一方面容易造成飞行教师和机务维修技术力量分散，业务水平提高难度大；另一方面容易造成机务维修管理难度大和整体机务保障工作缺乏深度和广度。

3. 大量新教师任教给安全工作带来很大压力

为满足教学训练的需求，学院每年将大幅增加新教师数量，充实和加强飞行教师队伍。2006~2007两年间，学院新增飞行教师79名，约占一线飞行教师总数的1/3。新教师由于年轻，体力好，精力充沛，将会为教学训练增添新的活力和工作积极性。但是，由于新教师技术不成熟，教学经验少，处置特情能力弱等特点，大量新教师任教，将给训练的组织、安全的保证、质量的提高带来很大压力。

4. 质量标准高，给安全工作提出更高要求

随着民航各类法规、规章的不断健全和完善，对飞行员训练质量要求在逐年提高，政府职能部门对院校的培训质量监控管理力度逐渐加大，如大纲的执行、学生的单飞、航线、夜航和特技训练等。如何正确把握安全与质量的辨证关系，一直是我们研究和探讨的课题，特别是在训练任务大量增加的情况下，提高质量和保证安全的矛盾更加凸显。

基本思路

学院今年航空安全工作的基本思路是：牢固树立科学的发展观，始终坚持“安全第一，预防为主，综合发展”的方针；以总局“五严”的工作要求为准则，以贯彻落实全国民航航空安全工作会议精神为主线，以认真学习和全面贯彻《运行手册》为重点；转变观念，狠抓落实，加强安全基础建设，全面提高安全管理的层次；团结一致，求真务实，顺利实现年度航空安全目标。

安全目标

学院2007的航空安全目标是：

——杜绝飞行事故；

——杜绝重大航空地面事故和特大航空维修事故；

——在保证人机安全的前提下，制止劫机、炸机事件的发生；

——教学训练飞行事故征候万架次率不超过0.7；

——机务维修原因造成的训练飞行事故征候万架次率不超过0.6；

——空管原因造成的飞行事故征候万架次率不超过0.15；

——油料原因造成的事故征候万架次率不超过0.01；

——因飞行区管理原因造成的事故征候万架次率不超过0.1；

——机场区域发生的鸟击事故征候万架次率不超过0.3。

工作要点

2007年，学院航空安全工作的要点如下。

一、全面落实运行手册

《运行手册》是学院总体的法规性文件，它所阐述的运行管理政策、规定、标准和程序是全学院一切航空器运行活动的准则。为认真做好手册的贯彻学习工作，学院将2007年定为学院的《手册》学习贯彻年。一是广泛宣传手册，为保证思想统一，认识到位，各单位要高度重视《运行手册》宣贯工作，利用一切宣传工具，采取一切有力措施，创造良好的舆论环境，广泛深入地宣传学习贯彻《运行手册》的目的意义，使之家喻户晓，深入人心。二是深入学习手册，为保证学习效果，各单位要制定细致可行的学习计划，认真组织全体人员对《运行手册》和相关支持性《手册》的内容要做到全面、细致、反复地学习。各级领导要带头学习，特别是分院的院长，主管飞行、机务、航务的副院长，飞行大队的大队长，机务部主任，航务部主任要亲自备课、讲课，带领所属人员正确理解和熟练掌握《运行手册》的相关内容，了解法规要求，熟悉岗位职责，明确工作程序和标准。三是严格执行手册。学习贯彻《运行手册》是今后两年，乃至更长时间内，学院更新飞行教学理念，依法规范飞行训练运行工作的头等大事，各单位要教育全体干部职工顺应时代发展的潮流，上至主要领导，下至普通员工，无论是业务技术部门，还是党群行政部门都要做到提高认识、转变观念，做到遵照手册开展工作，对照手册查找问题，依据手册解决问题。牢固树立依法运行，按照手册办事的意识，共同开创学院飞行教学训练工作的新局面。

二、积极推行目标管理

“目标管理”是以“科学管理”和“行为科学”理论为基础形成的一种有效的管理方法。今年我们要结合落实安全工作责任制，在全学院推行安全工作目标管理。要根据当前面临的形势和工作需要，制定出一定时期内全学院安全工作总目标。为实现安全工作总目标，从学院机关到各飞行分院、航站、飞机修理厂要层层确定工作目标；各业务保障单位也要围绕全学院安全工作的总目标，确定本单位的目标，并层层分解。要用总目标指导分目标，用分目标保证总目标。各单位要提高对目标管理重要性的认识，制定开展目标管理的计划并严格组织实施。要以具体明确的工作目标来开展管理，用科学理论和方法提升安全工作水平和效果。

三、大力加强基础建设

加强人员教育培训，法规与制度建设，推广采用先进的设施、设备等安全基础性建设工作，是保障安全的治本之策。在学院50年的建校史中，最近10年事故率较过去40年呈现出明显下降的趋势，其根本原因在于人员素质和技能的不断提高，规章制度的不断完善，设施、设备的不断更新。我们要进一步提高安全水平，必须始终把安全基础性建设工作摆在突出的位置，加大人力、物力和财力的投入，把各个方面的工作抓紧、抓实、抓好。

四、扎实抓好工作落实

当前，学院安全工作中存在的一个突出问题，就是抓落实的力度不够。很多安全问题的发生，归根到底都是有章不循、工作要求不落实造成的。在新的一年里，各单位要在“落实”二字上狠下功夫。认真做到“加强计划安排，提高工作的前瞻性；加强责任意识，提高工作的主动性；加强调查研究，提高工作的科学性；加强量化管理，提高工作的时效性；加强整体联动，提高工作的协调性；加强监督考核，提高工作的准确性”。

重点抓好的几项工作

一、建立完善有效的机制，增强安全管理效能

进一步完善学院安全监管机制。一是要按照“分级监管”的原则，落实学院、分院及其他单位的监管职责。学院以宏观管理为主，抓好安全态势管理；对分院及其他单位安全监管工作的管理也将采用目标管理的方法，制定具体方案，明确监管工作应达到的目标，严格考核和评价。各基层单位的安监部门以具体的监督管理为主，抓好日常的动态监管。二是要改进监管方式。将事后性监管与预防性监管相结合，以预防性监管为主，认真做好风险评估工作；将突击性监督检查与日常性监督检查相结合，尽可能少搞突击性检查，强化日常性检查。各分院的安监部门要用2/3的时间在训练现场监督检查，学院机关职能部门也要用更多的时间在一线监督检查安全工作，要派代表参加各基层单位的月度安全形势分析会，及时了解一线安全运行情况。三是要严格规章制度，加大行政执法力度。学院今年将依据《安全生产法》和民航总局的相关文件，修订航空安全奖惩规定和实施细则，加大奖惩力度。四是要加强监管队伍建设。学院安全监管职能部门要尽快完成新机构成立后的独立运行工作，进一步细化和规范航空安全管理办法，不断完善安全监察制度，加强安全监督、检查，通过安全信息分析，安全评估，发现安全管理的缺陷和薄弱环节，提出改进意见。建立运行质量监控和审核机制，保持学院运行与规章、手册的符合性。

各单位要高度重视安全监督管理工作，要充实安全、技术、运行管理部门力量，在人员配备上要注意专业结构、知识结构、年龄结构的合理性；要加快建立和完善“自我监督、自我审核、自我约束、自我完善”的安全管理体系和机制，及时纠正在日常检查和审核中发现的问题；要重视和加强安全信息的收集、整理、分析和上报工作；要建立“重奖重罚”的奖惩机制，充分调动员工安全生产的积极性。

二、加大飞行、机务、航务人员培训的力度，提高综合素质

各单位要制定培训年度计划，确定目标及措施，认真组织实施。

一是要建立飞行人员培训机制。学院飞标处要严格按照规章要求制定飞行教师理论和实践培训计划，加强对飞行人员技术标准、理论知识的培训，分批安排飞行教师到航空公司进行航线实习。制定并严格遵守训练和技术等级考试的标准，切实把好新教师的初始执教关，对于新飞行教师的理论培训，学院要统一组织，集中授课。学院要加强对分院新教师培训情况的监督检查，定期组织对新教师和飞行干部的理论、技术和训练经历的检查。

二是要强化机务维修人员培训。学院机务处要充分发挥培训科的职能作用，加快机务维修培训机构建设，配置相应设施，完善培训制度。定期进行维修理论、工作程序、工作单卡、维修技能的在职培训和复训。学院安全运行管理部门要加强现场检查，对不按工作单卡操作，随意签字放行的行为和现象给予严厉处罚。

三是要搞好航务人员的业务培训。学院空管中心要高质量做好管制、情报人员的年度复训工作，根据法规的要求，要不断完善培训大纲，更新和拓宽培训内容。各分院和相关的航务保障单位要扎实做好所属人员的在岗培训，做到有计划、有检查、有落实、有效果。对此，学院职能机关要提出指导意见，并会同各级安全运行管理部门加强对航务人员培训落实情况的监督、检查。

三、强化飞标管理，努力提高飞行训练质量

一是加强委任代表培训，严把实践考试关口。今年，学院要组织一次对飞行委任代表和学院飞行检查员“实践考试标准”的培训，重点在考试的组织、程序、标准、内容以及文件的填写。提高委任代表和飞行检查员的专业素质，规范学院实践考试的程序与标准。同时，根据人员素质、年龄结构、履行职责等情况对委任代表队伍结构进行适当调整，以满足工作需要。要充分发挥实践考试领导小组、课程主任教员和委任代表的作用，强化日常检查，在学生筛选、单飞和各种执照考试等重要阶段，要制定并严格遵守技术标准。

二是教学训练质量控制程序与管理体系是学院《运行手册》的重要组成部分，在教学训练中，各训练单位一定要按照手册要求，明确质量管理职责，细化训练过程管理，在充分发挥课程主任教员作用同时，每个部门和岗位都应按照职责定位，严格监控教学质量。

四、强化维修管理，切实提高飞机维护质量

一是继续强化“按规章程序办事，按工作单卡维修”的意识，真正做到“看一项、干一项、签一项”，确保各项维修工作能够严格按工作单卡认真落实，切实提高维修质量。

二是要严格维修工时管理，确保维修工作所必需的飞机停场时间。学院机务处应根据相关法规要求研究制定“维修工时管理”的指导性文件。各维修单位必须按要求建立有效的维修工时管理办法，加强维修监控，合理调配人力资源，确保定检和排故所需要的飞机停场时间，确保完成常规检查项目所需要的工作时间，坚决杜绝违章现象。

三是由学院机务处负责建立机务维修信息交流平台，加强信息交流，实现资源共享，推动维修管理上台阶。

四是要加强可靠性研究，一是要加强对多发性、重复性故障的攻关和

控制，对出现的问题要追根求源找到真正原因，实现控制多发性故障，减少重复性故障，预防突发性故障的目标。二是要加强对部件送修信息的监控和反馈，并将其与多发性、重复性故障有机地结合起来进行分析，降低机械故障率。

五是要严格航线维修工作的实施。各高教机分院要加强航线维修工作的监管，积极与所飞机场签定维修协议，切实提高航线维修质量

六是要严格航材购置和送修管理。学院航材部门要采取有效措施，防止不合格及非法航材进入学院，防止航材送往未经民航主管部门审查和认可的维修单位进行修理。

五、强化航务管理，有效提高安全保障能力

一是要建立以学院空管中心为主的“空管运行协调机制”，强化空管统一协调运行管理，解决运行过程中出现的矛盾和难题，最大限度地利用空域资源，理顺空管对内、对外关系。

二是要认真贯彻落实全国民航防相撞工作会精神，加强与军方在空域使用方面的协调，从合理使用空域、执行管制协议、加强信息通报和协调管制指挥等方面，与军方共同制定切实可行的防相撞措施。

三是要进一步强化空管指挥“双岗制”“交接班重叠制”“岗前报告制”和“岗后讲评制”四项制度。从规章、技术、管理、培训等方面入手，着力研究解决管制员“错、忘、漏”问题，提高管制员安全风险意识和特殊情况处置能力。

四是继续贯彻落实学院关于“空管人员由现行参与飞行现场指挥逐步过渡到承担除学生单飞技术指挥以外的全部飞行指挥任务”的要求。

五是要加强通信导航设备的运行监控和维护维修，完善设备运行的应急预案，降低设备运行故障造成的安全风险。

六是要树立服务意识，改进工作作风，为机组提供优质、高效的服务。

六、重视思想政治工作，确保人员队伍稳定

一是要做好发展改革过程中的思想政治工作。要定期分析、掌握干部职工的思想动态，特别是对一些涉及切身利益的敏感问题，要把思想工作做到前面，加强政策宣传教育，防止思想波动，保持队伍稳定。

二是要关心干部职工的工作和生活。特别要注意了解飞行、机务维修、航管等安全关键岗位职工的困难，尽可能帮助他们解决生活、工作中的难题。

三是要在加强思想政治工作和安全教育的同时，进一步建立完善内部管理制度，严密防范措施，切实防止群体事件和冒尖问题发生。

七、注重领导率先垂范，顺利实现安全目标

学院今年训练任务十分繁重，各级领导务必保持清醒的头脑，一是要量力而行，切忌盲目蛮干。各单位要根据自身的保障条件和训练能力科学确定训练总量。既要充分挖掘训练潜力，又不能把弦绷得太紧，要在确保安全的前提下稳步推进。要为安全留有足够的余度。二是各级领导要身体力行地落实各项安全规章制度。保证安全第一，首先各级领导要带头遵章守纪，如果没有领导干部的率先垂范，要在本单位形成一个良好的安全文化和安全管理氛围是不可能的。三是各级领导要经常深入生产第一线，及时了解安全和训练的实际情况；及时发现安全和质量上存在的隐患；及时协调和解决运行中存在的问题，这样才能始终保持安全形势的平稳发展，才能促进训练质量的不断提高。

同志们，我们今年的工作任务和安全目标已经明确。让我们在学院党委的正确领导下，紧紧围绕教学训练这个中心，牢牢把握航空安全这个重点，始终抓住质量这条主线，齐心协力，扎实工作，再创学院建设发展和安全工作新佳绩。

二、2020年度安全工作报告

学院党委十四届三次全委（扩大）会议材料

坚持稳中求进　防范重大风险

为推动学院高质量发展夯实安全基础

2020年3月5日

欧阳霆

同志们：

我代表学院向大会作训练安全工作报告，报告的题目是《坚持稳中求进、防范重大风险，为推动学院高质量发展夯实安全基础》。报告分为三个部分。

第一部分　2019年安全工作总结

2019年学院深入贯彻党的十九大，十九届二中、三中、四中全会以及民航局航空安全工作会议精神，全面落实学院十四次党代会“以飞为主、高质量发展”战略方针，坚持“安全第一，预防为主，综合治理”，在训练任务重、安全压力大、训练资源紧缺的情况下，齐心协力，圆满完成了教学训练各项任务，顺利实现了2019年度航空安全目标，年飞行总量首次突破30万小时，再创历史新高。

——安全工作形势平稳。2019年全院未发生通用航空事故和通用航空事故征候，安全形势呈现“形稳、质优、势好”的态势，创造十二年以来年度的事故和事故征候“双零”佳绩。

——训练总量再创新高。全年共完成飞机训练30.3万小时，同比增加4.9%；起落50万架次，同比增加12%；模拟机/练习器训练7.5万小时，同比减少1.6%。

——生产保障有序推进。飞机修理厂完成飞机大修55架、发动机大修

143台；洛阳机场保障航班13 750架次、旅客吞吐量154万人次、货邮吞吐量1 156余吨；绵阳分院空管保障航班3万多架次；公安局完成学生背景调查4 273人，完成重要包机一级警卫任务2架次，保障要客航班139架次。

——安全先进不断涌现。新津分院实现连续安全飞行5周年，绵阳分院实现连续安全飞行15周年，获学院通报嘉奖。广汉分院飞行教员王凯、曹凯均，飞行师谢华荣获学院个人嘉奖；遂宁分院丁锐、钱鹏接机改装组获学院集体嘉奖。

回顾2019年飞行训练安全，主要开展了以下工作。

一、坚持和完善学院党委对训练安全工作的全面领导

（一）把方向、管大局

2019年学院党委多次召开党委会，深入学习习近平总书记对民航工作的重要指示批示精神；坚决贯彻党中央、国务院和民航局关于安全工作的决策部署；定期听取安全工作汇报，专题研究训练安全工作；将“不忘初心、牢记使命”主题教育与学院训练安全工作有机结合，为学院训练安全工作提供了坚强的政治保证。

（二）做决策、保落实

学院党委坚决落实安全管理各项法规规章，不断推进安全管理体系（SMS）建设，调整机构和编制，完善安全体系顶层设计；以问题为导向，勇于创新、锐意进取，通过认真分析和科学研判，推出飞行技术专业培养模式改革方案，统一部署和协调推进改革的各项工作。

（三）负责任、勇担当

印发《中国民用航空飞行学院党政领导干部航空安全责任制实施细则》，不断健全完善安全生产责任体系，强化“党政同责、失职追责”。

继续签订安全生产责任书，明确安全领导责任、压实安全岗位责任。提高政治站位，在新中国成立70周年大庆的关键时期，开展“防风险、保平安、迎大庆”活动，确保了国庆期间学院飞行训练的绝对安全。

二、坚持把提高训练质量作为保证航空安全的坚实基础

（一）严格训练过程管理

把“依法训练，实事求是”贯穿于教学训练过程的始终。一是坚持质量评估制度：每季度召开训练质量分析会，评估各训练单位的质量情况。组织教学质量检查，瞄准关键科目，狠抓大纲符合度。二是科学制定训练计划：挂牌督办，严格学生训练周期管理，努力解决训练中存在的实际问题，基本保证计划执行。三是加强飞机、模拟机/练习器的训练监控：全年处罚教学训练不规范行为17起。四是规范制度，加强管理：新津分院制定了《依法训练高质量教学管理规范》，细化了教学规范、明确了监管标准；广汉分院完善了《广汉分院172R飞机飞行品质监控工作程序》，将飞行品质分析逐渐由被动行为过渡为自主行为。

（二）不断提高培训标准

一是加强对国际先进培训理念的跟踪研究，修改飞行训练大纲，引入“循证训练（EBT）”理念，将基于科目和时间的训练拓展为基于实证、基于岗位胜任能力的训练，既保证了规章的符合性，又给予飞行教学和组织更大的灵活性，新训练大纲即将在今年实施，保持了学院在飞行培训理念和思路上的持续领先。二是完善各机型标准操作和训练程序（SOP），强化双人制程序教学，更好满足人才培养的需要。三是开发高端课程，模拟中心ACPC课程通过民航局审定，教学实践得到了航空公司和局方的高度评价，大型机型别改装课程的开发也有序推进，至此学院将成为全球唯一涵盖从初始养成到大型机型别改装训练课程的飞行员培训院校。

（三）狠抓教师资质能力

在完成飞行教师资质能力提升第一阶段课程的基础上，开发并实施第二阶段课程，从“行为、知识、技能、态度”等方面对教师进行全面培训，补齐短板、拓展视野、反哺教学。针对近年新教师数量多的特点，通过各种讲座和培训，不断提高教师综合素质。各分院把建设高素质教师队伍作为分院党委最重要工作统一谋划，新津分院开展了两期《初始目视教学能力提升课程》；广汉分院推行教学质量监察，强化模拟机/练习器和全英语教学的质量监督；遂宁分院两次与国航西南培训中心进行交流，拓眼界、明需求，促进产教融合。

三、坚持把加强作风建设作为保证航空安全的根本要求

学院高度重视飞行队伍作风建设，全面落实党委《关于进一步加强和改进新时代飞行教师飞行学生作风建设的意见》。一是召开飞行大队长会，专题研究作风建设。会议针对飞行队伍作风建设存在的问题，分析研究了解决措施，明确“安全第一、生命至上”，一切所谓的自由主义、无拘无束都是对安全的最大威胁，要求各飞行大队“将作风建设的责任扛在肩上”，将“九字经”贯穿于教学训练始终。二是狠抓师德师风。深刻理解总书记“评价教师队伍素质的第一标准应该是师德师风”的重要论述，严肃惩处教学训练过程中违反师德师风的典型人员。三是抓平时养成，强化敬业精神。出台《学院航空器驾驶舱内全面禁止吸烟》的规定，改进匿名问卷调查内容与方式，完善新教师选拔与培训措施，坚持新教师宣誓制度，促进飞行队伍遵章守纪意识养成。各分院统一思想，提高认识，出台了一系列管理措施与规定，广汉分院提出“高站位谋划、高标准要求和高效率执行”的“三高”标准，将作风建设覆盖飞行训练的各个环节；洛阳分院下发《洛阳分院飞行作风管理规定》，强化规章底线和诚信红线意识，飞行队伍作风有了明显好转。

四、坚持把提高安全治理能力作为保证航空安全的重要手段

（一）进一步完善安全管理制度

出台《航空安全教育培训规定》《航空安全检查管理程序》《航空安全信息管理实施办法》《安全隐患排查治理实施办法》等措施，组织全院范围的安全大检查，下发安全整改通知书10份，发现问题72条，全部整改完成。严格安全奖惩，下发安全奖励通报4个，下发安全处罚通报1个。编制并试行《安全绩效管理实施办法》，推动安全理念向基于绩效的管理理念转变。制定《航前健康监测管理办法》，航前健康监测集成一体机正式运行。飞标处完善飞行教师选拔机制，严格教师资格准入制度；机务处多次组织航空器适航性资料评估及维修方案审核会，修订了80多条维护工作条目；空管中心制定了川内航线具体运行的实施方案，对每条航线的运行风险做出提示；公安局加速《民航从业人员准入资质监管平台》的上线测试，提高招飞背景调查效率；医院建立了航空人员健康分级制度，为飞行安全提供航卫保障。

（二）进一步改进安全管理方式

对学院安全管理机构进行整合重组，搭建起构架科学、责任明晰、符合实际的学院安全管理机构体系。修订学院的法定自查清单库和检查单，推动法定自查与原有监督检查方式相融合。洛阳分院开发“法定自查工作系统”，覆盖清单数据库、检查单生成、整改跟踪关闭等工作，提高了自查效率。绵阳分院聚集专业人员，建立兼职监察员制度，严把训练安全关口。飞机修理厂以“四不两直”内部检查方式规范“法定自查+”工作落实，提升了法定自查质量。

（三）进一步提高决策科学性和安全管理效率

运用民航行业“监管执法信息系统”“飞行标准监督管理系统”

“CAFUC安全在线”自愿报告等，建立起纵向到底、横向到边的安全管理共享平台；持续优化“通航飞行品质监控系统”，修订SD卡分析数据的指标阈值，提高了飞行品质监控质量与效率；有序推进电子飞行包（EFB）和加装驾驶舱记录器工作，提高安全保障水平；完善“训练管理系统”，实现学员飞行训练全过程监控；组织开发“飞机健康管理APP”，已在172R飞机结构修理中使用。

（四）进一步提升基层岗位履职能力

航安办送培训到基层，开展第一期航空安全能力提升专题培训班，覆盖各分院、飞机修理厂一线所有员工；协助管理干部学院在我院举办两期安全管理人员培训班，全院共计98人参加了培训；公安局对学院各单位组织反恐实战技能培训150余课时，提高了反恐处突能力。协助民航局成功举办首届民航局事故调查技能竞赛。按照《委托调查实施办法》配合川监局通航办开展了7起非亡人事件委托调查，发挥了学院在全国通航的引领作用。

五、坚持把提升保障能力作为保证航空安全的关键环节

（一）飞机引进工作稳步推进，为训练安全提供了坚强的物质保障

共完成115架飞机、14台模拟机/练习器的招标及合同签订工作，从2020年开始将逐步到位，从根本上改变困扰学院多年的模拟机/练习器紧张局面，缓解用机压力。在首批DA42机型引进和运行过程中，各业务机关和广汉、绵阳分院加强员工培训，针对运行实际问题，提出多条建议均被厂家采纳，较好地保证了新机型的顺利运行。

（二）加强老龄飞机维修维护，严防运行风险

针对学院机群老化、厂家技术支持不足等问题，学院机务系统组织了20多次专题研讨，完成了172R飞机16 000小时和SR20飞机8 000小时结构检修方案制定与实施；两种突破全球最长飞行小时数的机型172R和CJ1奖状机队的故障千时率有所降低，有效管控了老龄飞机的运行风险。

（三）通导与监视保障能力稳步提升

完成自贡机场VHF遥控台建设工作，升级改造ADS-B机载系统，解决了相关区域空中通信不畅，监视信号丢失等问题。针对ADS-B运行风险，空管中心和各分院及时制定应急预案、出台解决措施。特别是绵阳分院，针对训运矛盾，多措并举、科学施策，较好地解决了训练和航班运行ADS-B信号融合问题，降低了防相撞压力。

（四）训练资源不断拓展

自贡辅助运行基地正式运行，“分院+”训练模式拉开序幕；推进芮城、永川通用机场等新的训练基地建设，加强与广元、南充等机场沟通合作。针对训练网络不断受军民航和通航发展挤压的现状，完善了包括自贡航行航线、广元转场航线在内的川内训练网络，新增2个空域和26条航线；完成固原、金昌等8条高教机西北航线的申报和续批，签订兰州、长沙机场高教机转场地面勤务保障协议，缓解了训练航线和机场资源紧张的局面。

同志们，2019年是学院改革发展的关键一年，大事多、喜事多，工作任务繁重。在全体教职员工辛勤努力下，我们坚持稳中求进，训练安全工作取得了可喜成绩；我们破解发展难题，分别与中航珠海飞校、北大荒通航签署战略合作协议，缓解了学院培训能力不足的矛盾。总结一年训练安全工作，既要看到安全形势总体平稳，也要看到稳中有忧，全年不安全事件共计88起，较2018年增加了23.9%，各类风险隐患和突出问题不容忽视。

一是飞机老龄化带来的安全压力依然很大。全年共发生机械原因不安全事件29起，占学院不安全事件的33%，飞机老龄化运行风险长期存在。

二是空管设备保障的隐患依然存在。由于ADS-B系统更新换代出现信号卡顿丢失、区域覆盖不全等问题时有发生；2019年2月出现ADS-B服务器中毒、网络不能互联，使训练受到了影响。全年由于通信信号不稳定，已造成5起空中通信中断的飞行训练一般事件。

三是关键岗位人力资源问题依然突出。一线机务、空管、机场和油料保障等岗位人员的数量相对不足、年龄和知识结构不合理。尤其是机务人员，培训周期相对较长，出现了部分岗位专业人员匮乏的现象，要高度重视，及早谋划。

四是安全信息填报不规范问题时有发生。全年有8条报送信息因填报不规范受到局方通报，表明个别单位此项工作存在责任心不强、甄别判断能力不足、信息流转不畅等问题。2020年起监管局将建立黑名单制度，对信息填报不规范问题严肃问责，必须引起重视。

五是典型作风问题引起的不安全事件多次发生。由于作风不严谨、工作责任心不强、程序标准执行不到位，发生了例如错误理解管制指令跑道侵入、飞行中舱门脱落等多起人为原因不安全事件，暴露出在人员培训、教学精力分配和驾驶舱资源管理等方面存在的作风问题。作风建设任重道远，还需“持续发力”。

第二部分　学院安全工作发展历程的初步回顾

学校自建校以来，一直担负着中国民航飞行员培养的主阵地、主渠道、主力军职责。在六十多年的办学实践中，长期坚持“安全第一、预防为主”工作方针，凝炼了“忠诚团结、勤奋严谨、安全精飞、求实创新”的校风，把飞行训练的“帮思想、教技术、带作风”九字经教风和“地面苦练、空中精飞”的学风贯穿于教学训练始终，安全管理水平不断提高。

建校初期，筚路蓝缕、披荆斩棘。从1956年7月学院司令部下设飞行训练处开始了安全管理的探索阶段。把“飞飞整整”作为保证安全的主要手段，采取定期和不定期的安全检查和整顿，总结经验、吸取教训，提高安全水平。这一时期持续到八十年代末，是安全管理的探索期和经验管理期。1960 ~ 1989年共完成飞行训练51.7万小时，发生17起飞行事故，事故万时率为0.33。

从八十年代末到九十年代初，学院大量选派人员到国外进行机型改装，选派教、学员到国外进行初始培训，全面学习借鉴国外，特别是德国汉莎航空公司先进的安全管理理念、运行标准和飞行程序。自主编制印发《中国民用航空飞行学院规范化管理手册航空安全管理分册》，同时坚持“八该一反对”“四不放过”等一系列行之有效的制度措施，以TB和夏延飞机引进运行为标志，安全管理从经验管理期逐步过渡到制度管理期。此时全行业还普遍处在经验管理时期，而学院在九十年代初、中期形成的安全理念、标准制度、运行程序走在了全行业的前列，这一时期持续到2004年。期间，学院安全工作取得了一系列成绩，获得了不少的荣誉，1996、1997、1998年连续三年荣获民航总局“航空安全金鸥杯”，被授予“航空安全金鸥杯三连冠单位”荣誉称号。2000年、2001年、2003年，学院继续多次荣获“航空安全金鸥杯”。1990 ~ 2004年学院共完成飞行训练81.6万小时，发生3起飞行事故，事故万时率为0.036。

2004年，学院开始按照CCAR-91和CCAR-141规章运行。在通过了运行合格审定，2006年取得临时合格证后，学院于2008年取得中国首家《民用航空器驾驶员学校合格证》，飞行员培训的标准化、规范化和国际化迈上了新的台阶。以出台学院《运行手册》，执行《整体课程训练大纲》《实践考试标准》为标志，学院安全管理进入规章管理期。这一时期学院引入系统管理思路，坚持持续安全理念，从管理者到一线员工的规章意识、程序意识、标准意识不断提高，安全工作取得了质的飞跃，2013年荣获民航局“飞行训练安全五星奖”。这一时期持续到2015年，2005 ~ 2014年学院共完成飞行训练199.2万小时，发生4起飞行事故，事故万时率为0.02。

2015年学院在全国通航运行单位率先进行SMS管理体系建设，推进风险管理、基于绩效的安全管理和诚信文化建设，安全管理理念向更高的目标迈进，安全管理水平上了新的台阶，截止2018年10月，连续安全飞行200万起落架次，荣获民航局“飞行训练安全四星奖”。从2015年至今，学院训练小时连创新高，共完成飞行训练139.4万小时，未发生飞行事故，安全记录始终保持在全球通航领先水平。

64年的实践证明，学院发展离不开安全水平的稳步提升。64年来，学院不断加大安全投入，不断改善训练条件，不断更新安全管理理念，安全水平稳步提升。安全成绩的取得靠的是骨子里透露出的责任意识，靠的是血液里流淌的红色基因，靠的是中飞院人耕耘不辍、久久为功。更值得骄傲的是，截至2019年洛阳分院连续安全飞行56年，创造并保持着全球通用航空最好的安全记录。学院安全管理的方向是正确的，安全管理的道路是成功的，安全业绩背后是一代代飞院人的默默奉献和无私付出。我们有理由相信，在学院党委的坚强领导下，坚持安全自信，不断发展创新，学院的安全工作必将取得更大成绩，为助力学院新甲子腾飞打下坚实的安全基础。

第三部分　2020年安全工作思路和主要任务

2020年安全工作基本思路是：

认真贯彻民航局安全工作会议精神，全面落实学院第十四次党代会对训练安全工作的要求，坚持稳中求进，正确处理“四个关系”；强化责任担当，突出重大风险防范；完善治理体系，提高安全治理能力，确保飞行训练安全态势平稳可控。

2020年安全工作主要目标是：

防止通用航空重大责任事故；杜绝劫机、炸机等机上恐怖事件，防止空防安全严重责任事故；防止重大航空地面事故和特大航空维修事故，重大以下航空地面事故万架次率不超过0.03；通用航空事故万架次率不超过

0.36，其中死亡事故万架次率不超过0.18。

为实现2020年安全工作主要目标，要重点抓好五个方面的工作。

一、进一步处理好“四个关系”，推动学院高质量发展

新时期民航总体工作思路贯穿于处理好“安全与发展、安全与效益、安全与正常、安全与服务”四个关系的全过程中，这就要求我们在推动学院高质量发展进程中，处理好“安全与发展、安全与质量、安全与效益、安全与进度”四个关系。

（一）处理好安全与发展的关系

发展是安全的基础，安全是发展的条件。发展既是学院满足行业需要、顺应时代潮流的内在要求，也与每个中飞院人切身利益密切相关。学院目前正进入新的高速发展时期，更需要我们深刻认识发展与安全的辩证统一。一方面，有了可靠的安全保障，学院事业才能更好地发展，反之将影响和制约学院发展；另一方面，学院事业发展了、壮大了，有了雄厚的物质基础，就有条件和能力在诸如基础设施、技术手段、人才培训培养和激励机制等加大投入，使安全更有保障，更具科学性和可靠性。在工作中坚持“安全第一”，实质上就是为了更好地推动学院高质量发展。

（二）处理好安全与质量的关系。

“为党育人、为国育才”，培养高质量民航飞行员是我们的初心和使命。培训质量是保证安全的基础，学院飞行训练任务重，每天100多架飞机在天上飞，其中一半是单飞和学生机长训练，如果培训质量不高，没有扎实的专业知识、优良的飞行技术和过硬的飞行作风是无法保证安全的。反过来也不能“被动保安全”，不顾规章要求，违背我们初心和使命，在学生单飞等关键科目上“偷工减料”，为未来行业安全埋下隐患。因此要保证飞行安全，特别是单飞和学生机长训练的飞行安全，就必须在提高训练

质量上下功夫。

（三）处理好安全与效益关系

稳定的安全投入是安全工作的基础和保障。长期以来，各分院作为学院二级财务核算单位，不过多考虑效益问题。随着学院改革的深入，权力重心不断下移，特别是劳动用工和财务管理制度的调整，分院在用人和绩效分配上将拥有更大的自主权，目的是充分调动一线积极性，科学合理配置资源。在实际操作过程中，要深刻理解改革的目的和出发点，防止“捡了芝麻丢西瓜”，为了“僧少粥多”压缩关键岗位人员配置，降低安全裕度。目前多数分院在空管、机务等专业岗位的人员数量上已经捉襟见肘，必须高度重视。要认识到安全是最大的幸福，安全是最大的效益。在改革过程中，必须坚持安全投入不能少，重要岗位人员不能少，科学安排、统筹协调，确保飞行训练安全运行。

（四）处理好安全与进度的关系

“稳中求进”是学院安全工作长期坚持的总基调。“以飞为主，高质量发展”要求我们从重增量向重质量转变。作为一个训练单位，在一定的训练能力下，训练进度和训练总量与安全质量是一对矛盾，没有进度和训练量，效益就不好，教职工的利益就无法得到保障，但这只是事物的一个方面，只重视加快训练进度和提升训练总量，带来降低安全裕度和忽视质量的可能性就会增加。加快训练进度、多完成训练任务是一项重要工作，但绝不是唯一的重点，与保证安全和质量内涵的提升比较，单纯量的提升是次要的，进度不应该成为我们单纯追求的目标。在实际训练过程中，要坚持每飞行一个小时，必须是安全的；每完成一个科目，必须是保质保量的。2020年初全国的“新冠肺炎”疫情，将对学院训练任务的完成和各分院训练进度带来很大影响，万万不可操之过急，更要坚持稳中求进，做到训练进度与安全保障能力相匹配。

二、充分发挥SMS体系效能，更高层次提升安全治理能力

学院已经完成安全管理体系组织架构的调整，确保安全监管独立于运行体系。航安办要更新学院《航空安全管理手册》，明确各级安全管理部门的岗位职责和工作内容，调整优化工作程序；各生产运行单位和运行支持部门要按照岗位职责要求，加强培训，尽快配备合格人员，确保安全管理体系正常运转。一是要加强安全信息管理。完善安全信息的收集上报、分析研究、措施制定、评估反馈等闭环管理，确保安全信息成为“安全管理的驱动源”。二是要细化安全管理相关程序。围绕SMS关键要素，细化各运行单位和运行保障部门法定自查、隐患排查治理、安全风险管理的工作内容与程序，在更高起点、更高层次上提高学院安全治理能力。三是推进基于绩效的安全管理模式。围绕核心风险预警、安全状态评价，修订完善《飞行训练安全绩效管理实施办法》，优化安全绩效指标，全面准确掌握各单位安全状态。四是完善安全奖惩措施，推动安全文化建设。修订《航空安全奖惩规定》，激发一线员工保证安全的积极性；完善“自愿报告系统”，变“要我安全”为“我要安全”，营造积极健康的安全文化。

三、把握新旧机型运行规律，防范重大安全风险

科学统计显示，飞机的故障发生率呈“浴盆曲线”，即新飞机和老旧飞机故障率高。特别在新机型运行初期，经验不足带来的运行风险更大。2020年学院预计交付飞机113架，训练用机将达到348架。在新机型引进历史上，由于对机型没有弄懂吃透，运行过程中操作不当，学院是有惨痛教训的。与此同时，新飞机分批交付，学院老旧飞机仍将处于高负荷运行状态。新旧机型“双线作战”，都处在“浴盆曲线”故障率高点，是学院今年最大的运行风险，必须引起全院人员的高度重视，各单位要加强人员培训，强化规章意识。一是严格按手册、单卡规范运行，防止人为差错。飞行人员要加强飞行手册学习，加强飞机性能、操纵特点研究。机务人员要

加强不同机型故障规律研究，落实维修单卡，提高维修工艺。二是把机型故障率控制在可接受的范围。新旧机型都有故障率高的特点，故障率居高不下不仅增加机务人员工作负荷，也会对飞行员造成一定心理压力，机务部门要加强科学分析，提高排故能力，有针对性地采取措施，有效控制各机队的故障率。三是吸取教训，防范重大安全风险。要认真总结分析学院新机型运行发生的重大不安全事件，科学组织训练，留足飞机维护时间。机务部门要重点加强飞机发动机、飞行操纵、起落架等关键系统的维修维护，防止重大突发性机械故障；飞行大队要加强技术管理，开展安全预想，提高特殊情况处置能力。

四、加强责任感和使命感，打造高水平飞行教师队伍

打造高水平教师队伍，必须坚持以有理想信念、有道德情操、有扎实学识、有仁爱之心的“四有好老师”为标准。一是持之以恒抓教师队伍作风建设。要坚持从留校选拔、教育培养、工作安排着手，一手抓严格管理，突出制度的刚性。一手抓关爱关怀，突出政治上的关心和工作生活上的关怀。二是坚持不懈提升教师资质能力。要把握学院飞行教师成长规律，不仅提升专业技术资质能力，还要在政治理论、管理能力上加大培训。三是突出师德师风的评价标准。丰富新时期“帮思想、教技术、带作风”九字经内涵，大力宣传先进典型，发挥榜样示范作用，严肃处理违背师德师风行为，引导飞行教师成为替飞行学生“系好第一颗纽扣”的引路人。

五、关注风险的转移变化，健全安全防控体系

2020年我们既要重视原有风险，也要高度关注风险转移所带来的安全隐患，更新风险源库，做到未雨绸缪。一是加强“分院+”训练组织模式的研究创新。不断完善自贡基地运行组织模式，总结经验、推广应用。二是确保送培学生的训练安全。把安全作为头等大事，探索与送培学生合作单

位在安全运行、训练质量的监控管理模式。三是加快空管设施设备投入。针对ADS-B不同制式信号融合、航路航线拓展导致的通信监视盲区、校内转场航线调整等带来的安全风险，要加大设施设备投入，制定完善保障措施，确保风险可控。四是整体推进“飞行技术专业培养模式改革”。针对2019级飞行学生“培养模式改革”将带来的训练流程、组织方式的变化，要统筹推进各项工作、加强批次衔接推演、科学制定训练计划，确保改革工作的顺利实施。五是完善试飞学院飞行运行的安全程序与措施。试飞学院落户学院，既是机遇也是挑战，各相关单位要针对试飞科目的特殊性严密组织、科学实施、管控风险，确保试飞员训练安全。各相关单位要充分做好安全预想，针对试飞科目的特殊性，优化完善试飞教学的组织流程，分析研究技术环节要领，严格管控试飞过程中的运行风险。六是加大安全管理的科研投入。加快推进“通航飞行品质监控系统”项目二期建设，高标准推进“飞行训练航空安全管理系统”平台建设，实现数据化、智能化、可视化的安全管理动态评估及预警机制，发挥科技在提升安全管理水平的引领作用。

同志们，2020年是学院“十三五规划”收官之年，让我们坚持以习近平新时代中国特色社会主义思想为指导，在学院党委的坚强领导下，“不忘初心、牢记使命”，实事求是，勇于担当，把坚持稳中求进，防范重大风险作为贯穿全年安全工作的主线，为推动学院高质量发展夯实安全基础。

第九章
飞行训练安全品质监控

一、基于综合航电系统的飞行品质监控

飞行品质监控是国际上公认的保证飞行安全的重要手段之一，已得到世界民航业的普遍认可。目前，飞行品质监控已在国内运输航空领域得到全面、规范的实施，但在全球通航领域还是空白。

囿于设备落后，通用航空运行的飞行品质和运行风险一直缺乏有效的监控手段和分析工具，随着综合航电系统在通航飞机上的大面积使用，使得飞行品质监控在通用航空SMS系统建设和安全绩效管理领域发挥价值成为可能。

综合航电系统在通用航空机队的快速普及，为飞行品质和风险防控的大数据管理提供了良好的外部实施条件。我国通用航空起步较晚，购机起点较高，相较于国外，新机型、新设备的应用率高。因此借助后发优势，

开展基于综合航电系统的通航飞行品质和安全管理研究，有利于填补行业管理空白，有利于通航的规模发展。

中飞院2016年就开始了对通航训练飞行品质监控的探索。对已知事件进行SD卡存储数据分析，还原事件原因是SD卡存储数据最为直接、直观的应用方式。学院利用SD卡存储数据，成功进行了多起民航飞行学院院内不安全事件的调查，积累了丰富经验。在此基础上，学院借助民航局安全能力项目，在全球民航率先自主研发出通航飞行数据监控系统（SD卡数据分析处理工具），并于2019年完成了系统验收，按照“全覆盖、重实效”的总体要求，对飞行训练进行全程监控。系统实施以来，采集训练数据数十亿条，完成飞行品质监控月报38篇。通用航空飞行数据监控系统界面见图9-1。

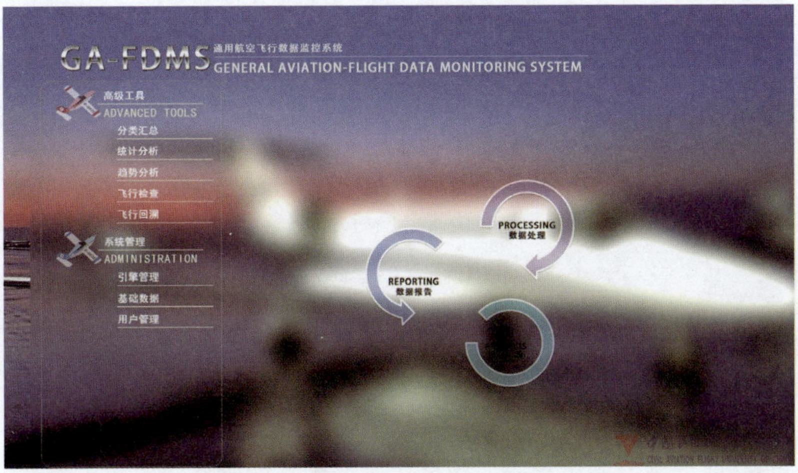

图9-1　通用航空飞行数据监控系统界面

通过近两年的飞行品质监控，系统有效减少了由机组不良操纵习惯引发的安全事件，可以说基本上杜绝了整个飞行队伍的有意不良操纵行为。虽然可能还存在不良操纵，但有意不良操纵的现象已经非常罕见，这是学院飞行安全得以保证非常重要的一个原因。

事件类型分布与时次率见图9-2。

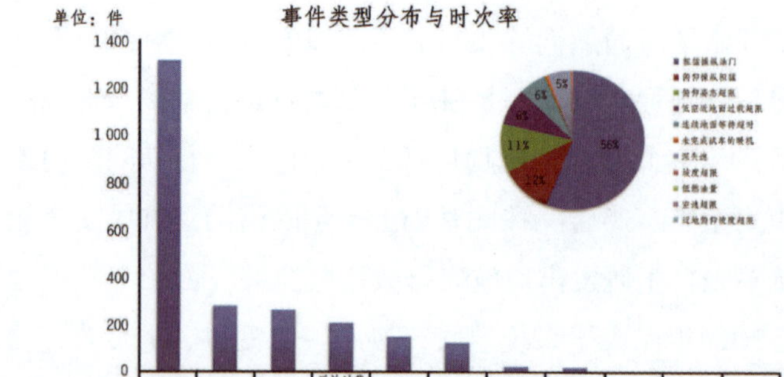

总数量：2 338秒次	粗猛操纵油门	俯仰操纵粗猛	俯仰姿态超限	近地过载超限（重着陆）	连续地面等待超时	深失速	未完成试车前暖机	坡度超限	低燃油量	空速超限	近地俯仰坡度超限
学院事件数量	1 310	272	258	201	144	119	20	14	0	0	0
事件发生率（次/小时）	0.686	0.143	0.135	0.105	0.075	0.062	0.01	0.007	0	0	0

图9-2 事件类型分布与时次率

图9-2清晰大图
请扫码观看

中飞院目前年飞行小时数达到30万左右，占全国通航年飞行小时数的三分之一，未来5年内，有望达到年飞行量50万小时的目标，飞行品质监控已经成为学院夯实安全基础、提升安全运行水平的有力抓手。

截至2020年12月，中国民用航空飞行学院已经连续安全飞行300万起落架次，创造并保持着全球通用航空最好的安全记录，获得中国民航飞行训练安全五星奖。中飞院在通用航空的事故征候万架次率是百万飞行小时0.023，大约是世界平均水平的1/10左右。飞行品质监控是学院实现这个成绩的有力工具。

到2021年，学院训练航空器将全面加装具备驾驶舱音、视频和飞行数据记录功能的驾驶舱记录器，该系统集成了驾驶舱音视频和飞参数据采集、飞行数据分析与轨迹还原等功能，机队加装完毕后，包括驾驶舱所有飞行人员在内的实时操作情况都会一览无余，将为不安全事件调查提供关键性证据，丰富现有的技术手段，将在行业内率先进行示范。

二、航空器可靠性管理

民用航空器可靠性维修管理方案作为提升、优化航空器维修方案的重要内容，通过建立警告与非警告可靠性分析系统等模型和方法，实现航空器及其零部件系统的可靠性评估、航空器维修方案的定期监测与调整，将有效提升航空器系统运行的安全性和稳定性。

学院机务处于2005年开始在学院各维修单位推广应用航空器可靠性维修管理，并每月发布一期《中国民用航空飞行学院可靠性分析月报》，其封面见图9-3，目录见图9-4，各统计数据见图9-5和9-6。

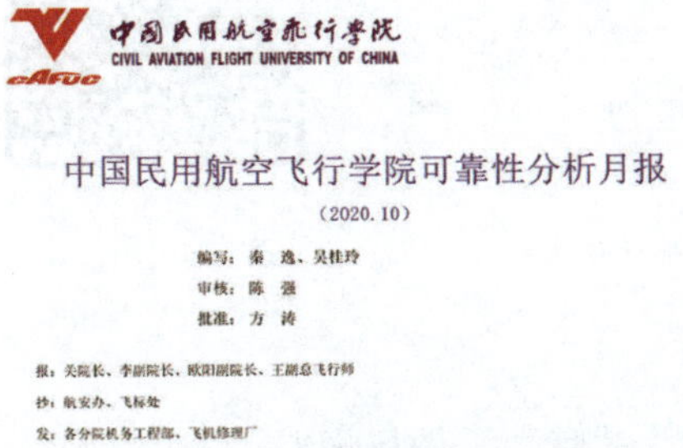
中国民用航空飞行学院
CIVIL AVIATION FLIGHT UNIVERSITY OF CHINA

中国民用航空飞行学院可靠性分析月报

（2020.10）

编写：秦 逸、吴桂玲
审核：陈 强
批准：方 涛

报：关院长、李副院长、欧阳副院长、王副总飞行师
抄：航安办、飞标处
发：各分院机务工程部、飞机修理厂

图9-3 中国民用航空飞行学院可靠性分析月报封面

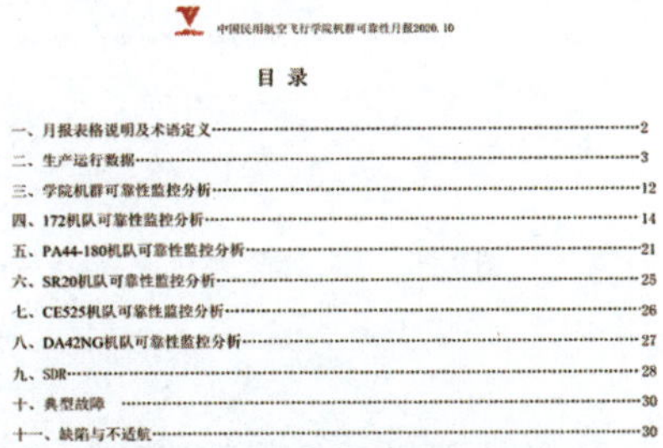
中国民用航空飞行学院机群可靠性月报2020.10

目 录

图9-4 中国民用航空飞行学院可靠性分析月报目录

中国民用航空飞行学院机群可靠性月报2020.10

各分院近13个月机组报告故障千时率统计

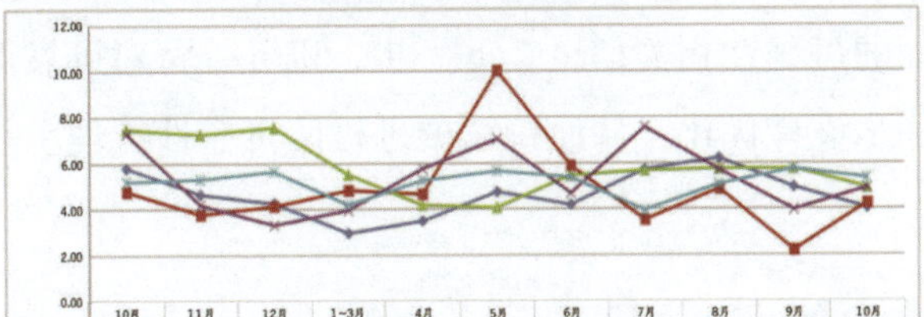

	10月	11月	12月	1~3月	4月	5月	6月	7月	8月	9月	10月
新津	5.79	4.64	4.25	2.95	3.48	4.75	4.18	5.72	6.20	4.94	4.03
广汉	4.77	3.76	4.13	4.81	4.65	10.02	5.87	3.52	4.87	2.20	4.24
洛阳	7.45	7.24	7.54	5.50	4.16	4.05	5.45	5.66	5.74	5.75	4.91
绵阳	7.27	4.18	3.31	3.96	5.75	7.05	4.68	7.55	5.69	3.96	4.90
遂宁	5.20	5.30	5.63	4.19	5.23	5.65	5.38	3.94	5.07	5.73	5.34

10月份，新津分院机组报告故障千时率环比降低18%，同比降低30%；广汉分院机组报告故障千时率环比升高93%，同比降低11%；洛阳分院机组报告故障千时率环比降低14%，同比降低34%；绵阳分院机组报告故障千时率环比升高24%，同比降低33%，遂宁分院机组报告故障千时率环比降低7%，同比升高3%。

图9-5 各单位报告故障千时率统计

图9-5清晰大图
请扫码观看

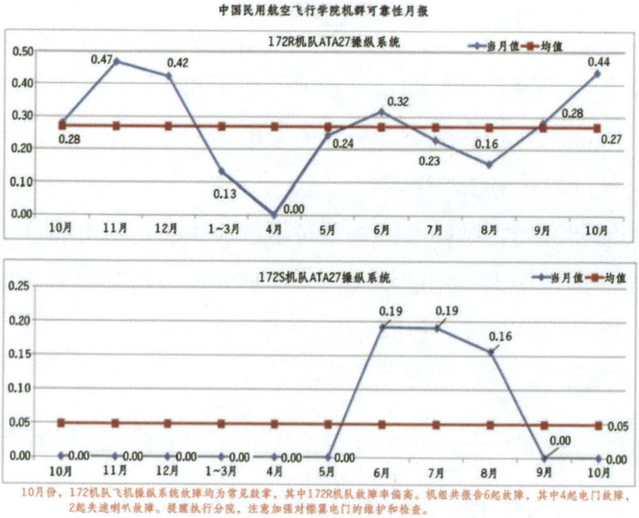

图9-6　172机队操纵系统故障月度统计分布

图9-6清晰大图
请扫码观看

该月报不仅对各分院机队运行时间、故障数、停场情况、维护工作完成情况等运行数据进行了收集统计，形成机队运行及维修数据库，还重点对机队故障数据进行基于安全绩效的可靠性分析和预警，对触发预警的系统启动调查程序，分析并查找原因，并及时制定应对和预防措施。同时，月报还对当月SDR调查情况、缺陷不适航报告、不安全事件等进行通报，为各分院提供较为全面的可靠性相关信息。下一步，机务处将对可靠性月报监控和统计数据进一步设计优化，从而持续推进机队可靠性管理水平的提升。

第十章
安全数据统计与分析

一、1956—2020 年飞行数据

具体数据见表10-1。

表10-1　1956—2020年飞行数据

年度	飞机时间	起落次数	模拟机时间
	4 550 386：05	11 685 076	1 152 646：31
1956	0：00	0	0：00
1957	428：36	2 192	0：00
1958	7 306：12	44 975	0：00
1959	8 053：31	66 629	0：00

续表

年度	飞机时间	起落次数	模拟机时间
	4 550 386：05	11 685 076	1 152 646：31
1960	20 276:41	112 193	0:00
1961	16 673:59	109 930	0:00
1962	6 646:21	41 005	0:00
1963	8 619:44	43 435	0:00
1964	8 243:35	33 034	0:00
1965	10 045:17	54 763	0:00
1966	13 136:05	80 194	0:00
1967	11 034:36	68 796	0:00
1968	13 219:29	82 185	0:00
1969	24 374:28	175 353	0:00
1970	21 115:10	156 700	0:00
1971	13 515:58	111 346	0:00
1972	30 979:14	227 014	0:00
1973	23 923:52	194 661	0:00
1974	22 948:19	141 827	0:00
1975	21 875:18	115 983	0:00
1976	19 671:47	108 613	0:00
1977	15 914:52	100 607	0:00
1978	22 326:49	129 588	0:00
1979	18 784:51	103 952	0:00
1980	17 501:32	81 547	0:00
1981	17 031:58	93 480	0:00

续表

年度	飞机时间	起落次数	模拟机时间
	4 550 386：05	11 685 076	1 152 646：31
1982	19 362：56	102 327	0：00
1983	12 425：41	67 109	0：00
1984	12 430：33	69 432	0：00
1985	12 409：50	80 178	0：00
1986	17 957：49	107 063	0：00
1987	19 231：32	101 076	0：00
1988	23 811：19	150 767	0：00
1989	21 984：39	139 692	0：00
1990	23 347：39	114 656	0：00
1991	23 845：48	99 240	0：00
1992	30 884：00	102 181	0：00
1993	38 122：08	124 244	0：00
1994	39 360：23	131 866	0：00
1995	50 517：18	193 171	0：00
1996	50 571：09	198 601	0：00
1997	68 066：19	228 033	0：00
1998	57 787：18	188 111	15 102：47
1999	70 595：16	230 224	18 786：53
2000	75 930：36	226 897	19 688：55
2001	76 979：14	233 455	24 152：36
2002	70 290：19	191 655	25 638：15
2003	64 274：31	169 628	24 289：16

续表

年度	飞机时间	起落次数	模拟机时间
	4 550 386：05	11 685 076	1 152 646：31
2004	75 244:47	190 387	32 690:38
2005	106 670:05	230 523	39 230:07
2006	121 046:43	271 197	36 239:05
2007	151 146:54	301 226	51 168:45
2008	162 154:26	345 240	63 041:35
2009	206 030:04	408 505	71 659:04
2010	228 058:42	414 230	111 659:27
2011	246 305:10	435 750	87 851:57
2012	264 588:42	472 202	70 722:50
2013	257 085:39	453 198	66 112:51
2014	248 746:41	460 969	65 338:40
2015	261 057:40	489 895	67 494:35
2016	261 631:49	412 188	71 502:19
2017	278 461:10	435 761	75 838:48
2018	289 103:40	446 603	76 417:35
2019	303 248:18	500 273	75 370:46
2020	272 831:42	448 354	62 848:01

二、2001—2020 年征候数据统计

具体数据见表10-2。

表10-2 2001—2020年征候数据统计

年度	征候次数	征候万时率	征候万架次率
2001	1	0.130	0.043
2002	1	0.142	0.052
2003	1	0.156	0.059
2004	0	0.000	0.000
2005	2	0.187	0.087
2006	2	0.165	0.074
2007	0	0.000	0.000
2008	4	0.247	0.116
2009	5	0.243	0.122
2010	3	0.132	0.072
2011	3	0.122	0.069
2012	2	0.076	0.042
2013	0	0.000	0.000
2014	3	0.121	0.065
2015	1	0.038	0.020
2016	5	0.191	0.121
2017	1	0.036	0.023
2018	3	0.104	0.067
2019	0	0.000	0.000
2020	3	0.110	0.067

三、2001—2020 年事故数据统计

具体数据见表10–3。

表10–3　2001—2020年事故数据统计

年度	事故次数	事故万时率	事故万架次率
2001	0	0.000	0.000
2002	0	0.000	0.000
2003	0	0.000	0.000
2004	0	0.000	0.000
2005	0	0.000	0.000
2006	0	0.000	0.000
2007	0	0.000	0.000
2008	0	0.000	0.000
2009	0	0.000	0.000
2010	0	0.000	0.000
2011	0	0.000	0.000
2012	0	0.000	0.000
2013	3	0.117	0.066
2014	1	0.040	0.022
2015	0	0.000	0.000
2016	0	0.000	0.000
2017	0	0.000	0.000
2018	0	0.000	0.000
2019	0	0.000	0.000
2020	0	0.000	0.000

第十一章

安全先进与荣誉

1960年年初，学校根据空军政工会议的要求，在全校范围内开展“优质安全运动”，从此开始，学校的安全竞赛活动几乎年年不断，到2020年，学校（院）和各训练团（分校、分院）、航站多次开展“安全月”“质量月”“百日竞赛”“优质安全红旗竞赛”“学年安全竞赛”“冬季安全竞赛”“奋战一百天，誓夺‘航空安全金鸥杯’安全竞赛”“安康杯”等活动，这些竞赛活动促进了航空安全工作的推进，使安全从业人员的作风得到明显提升，思想防线牢固，涌现出一大批长期保证飞行安全的单位和个人。

1995年8月14日，民航总局下发《中国民用航空安全奖惩暂行规定》。1996年6月30日，学院制定了《贯彻〈中国民用航空安全奖惩暂行规定〉实施细则》，其中对飞行人员的奖励分为：颁发安全飞行铜质奖章、安全飞行银质奖章、安全飞行金质奖章和授予“功勋飞行员”称号。

一、国家、省部级

1962年4月，国防部给学校二团记“集体二等功”。

1964年8月，民航总局授予学校二团“训练飞行安全标兵”称号。同年10月，国防部给学校二团记“飞行安全集体一等功”。

1982年8月18日，民航总局授予学校二分校“全国民航安全飞行红旗分校”荣誉称号，授予一、三、四分校“全国民航飞行安全先进单位”称号；授予李鸿钧、黄开坚、沙金玉、高志茂、王景略、陈锡信、李建威、吴廷泽、粟义华、杨玉存、潘如松、王如岑、张履厚、代英华、朱光寿、魏仁明一级安全飞行奖章。

1983年12月5日，经民航局批准，授予沙金玉、黄开坚、朱光寿特级安全飞行奖章；授予谢元禄、谢怀新、詹本发一级安全飞行奖章。

1988年9月，学院连续保证飞行安全20年，民航局给学院记“集体二等功”。

1993年8月1日，二分院连续保证飞行安全40周年，是年9月5日，国务院授予二分院“全国安全飞行标兵单位”荣誉称号。民航总局授予三分院“全国民航安全飞行先进单位”荣誉称号。

1996年，洛阳分院荣获“民航先进集体” 称号；刘水生荣获“全国民航精神文明建设先进个人” 称号；杨仲道荣获“全国民航劳动模范”称号。

1998年8月28日，洛阳分院连续保证飞行安全35周年，民航总局授予洛阳分院“长期保证飞行安全先进单位”称号。1998年，新津分院训练二部荣获“全国民航先进集体”称号；魏正清荣获全国“五一劳动奖章”；张正发荣获全国民航劳动模范；学院荣获民航西南管理局飞行安全银质奖22人，飞行安全铜质奖34人。

1999年2月24日，新津分院连续保证飞行安全10周年，民航总局授予新津分院“安全飞行先进单位”称号。

1999年，广汉分院训练一部荣获“全国民航先进集体”称号。

2000年，吴骏荣获全国民航“五四”奖章。

2001年，吉新民荣获“全国民航劳动模范”称号。

2004年，洛阳分院训练二部荣获“民航先进集体”称号；丁正荣获“全国民航劳动模范”称号；关立欣荣获“全国师德先进个人”称号。

2007年，新津分院机务工程部荣获“全国民航先进集体”称号；李桂花荣获“全国民航劳动模范”称号。

2008年，新津分院机务工程部荣获全国“工人先锋号” 称号。

2009年，绵阳分院总务部荣获全国“工人先锋号” 称号；绵阳分院机务三队特设组、广汉分院黄宇教学小组荣获“西南民航2008～2009年度现代五好班组”称号。

2010年，广汉分院飞行三大队荣获“全国民航五一劳动奖状”；新津分院飞行二大队、洛阳分院机务工程部荣获全国民航“工人先锋号” 称号；向渝荣获全国民航“五一劳动奖章”。

2011年，绵阳分院飞行七大队荣获全国民航“工人先锋号”；民航飞行学院荣获2011年度“四川省‘安康杯’竞赛优胜单位”称号；新津分院机务分流中队、三星通用航空公司夏延IIIA3625机组荣获民航西南地区2010～2011年度“现代五好班组”。

2012年，新津分院飞行二大队荣获全国“工人先锋号” 称号；遂宁航空站荣获“全国‘安康杯’竞赛优胜单位”称号；广汉分院飞行三大队荣获“全国‘安康杯’竞赛优胜班组”称号；广汉分院气象台预报室荣获“全国民航‘五一’巾帼标兵岗”称号；空中交通管理学院荣获“全国民航‘五一’劳动奖状”称号；绵阳分院空中交通管理站、后勤管理处油料配送中心荣获全国民航“工人先锋号” 称号；广汉分院机务工程部荣获“四川省人工影响工作先进集体”称号；后勤管理处“阳光动力班组”荣获“全国民航‘示范班组’”称号；唐庆如荣获“全国民航五一劳动奖章”称号；余刚荣获“全国民航‘安康杯’竞赛先进个人”称号；黄萍、肖明月荣获“全国民航女职工工作先进个人”称号；王波、徐君、金斌荣获“四川省人工影响工作先进个人”称号。

2013年，广汉分院飞行三大队荣获全国“工人先锋号”称号；中国民用航空飞行学院荣获全国‘安康杯’竞赛优胜单位“”称号；飞机修理厂荣获“全国‘安康杯’竞赛优胜单位”称号；洛阳分院飞行九大队荣获“全国‘安康杯’竞赛优胜班组”称号；洛阳分院荣获“全国厂务公开民主管理先进单位”称号；新津分院机场保障部航空油料“思源”班组荣获“全国民航‘工人先锋号’”称号；空中交通管理中心荣获“民航‘安康杯’竞赛优胜单位”称号。陈嵩荣获“全国民航‘安康杯’竞赛先进个人”称号。

2014年，中国民用航空飞行学院荣获“全国‘安康杯’竞赛优胜单位”称号；洛阳分院荣获“全国‘安康杯’竞赛优胜单位”称号；后勤服务公司膳食服务中心荣获“全国民航‘工人先锋号’”称号；后勤管理处荣获“民航‘安康杯’竞赛优胜”单位。

2015年，航空工程学院荣获全国民航“五一劳动奖状”称号；空管中心管制室荣获“全国民航‘工人先锋号’”称号；绵阳分院空管站荣获“全国‘安康杯’竞赛优胜单位”称号；遂宁分院机务工程部荣获“民航‘安康杯’竞赛优胜单位”称号；后管处油料配送中心“阳光动力班组”荣获“民航‘安康杯’竞赛优胜班组”称号；空管中心管制室“蓝天指路班组”荣获西南民航2014-2015年度“五好班组”称号；黄良波荣获全国民航“五一劳动奖章”称号；黄博荣获“民航‘安康杯’竞赛先进个人”称号。

2016年，空管中心管制室荣获“全国‘工人先锋号’”称号；遂宁分院荣获“全国‘安康杯’竞赛优胜单位”称号；后勤管理处荣获民航‘安康杯’竞赛优胜单位“”称号；绵阳分院飞行十二大队荣获民航‘安康杯’竞赛优胜班组“”称号；李国栋荣获“民航‘安康杯’竞赛先进个人”称号。

2017年，绵阳分院飞行七大队一中队荣获“全国民航‘工人先锋号’”称号；遂宁分院机务工程部维修中队“希翼”班组荣获“2016—2017年度全国‘安康杯’竞赛优胜班组”称号；绵阳分院荣获“2016—2017年度全国民航‘安康杯’竞赛优胜单位”称号；油料管理处荣获“2016—2017年度全国民航‘安康杯’竞赛继续保持荣誉优胜单位”称号；遂宁分院荣获“2016—2017年度全国‘安康杯’竞赛继续保持荣誉优胜单位”称号；绵阳分院飞行十二大队荣获“2016—2017年度全国民航‘安康杯’竞赛继续保持荣誉优胜班组”称号；航空工程学院飞行器制造教研室、飞机修理厂飞机修理车间钣金小组荣获“西南民航2016–2017年度‘五好班组’”称号；新津分院机务工程部一中队金字塔班组、遂宁分院机务工程部希翼班组荣获“全国民航优秀安全班组”称号；广汉分院机场运行保障部“小蜜蜂”班组、绵阳分院十二大队“蓝天梦”班组荣获“全国民航示范班组”称号；航空工程学院飞行器制造教研室、飞机修理厂飞机修理车间钣金小组荣获“西南民航2016–2017年度‘五好班组’”称号；蔡建军荣获“全国五一劳动奖章”称号；郭海波荣获“民航优秀班组长”称号；包勇荣获“民航优秀群众安全监督员”称号。

2018年，郭海波荣获“民航安康杯竞赛先进个人”称号；李国栋荣获“民航安康杯竞赛保持荣誉先进个人”称号。

2019年，绵阳分院戴林忠荣获“民航优秀安全班组长”奖称号；广汉分院程埽轩荣获“民航优秀群众安全监督员”奖称号；新津分院飞行十大队一中队“一鸣”班组荣获“民航优秀安全班组”奖称号；遂宁分院空管站“指南者”班组荣获民航“优秀安全班组”奖。

学院于1996、1997、1998年连续三年荣获民航总局“航空安全金鸥杯”。1999年1月19日，民航总局授予学院“航空安全金鸥杯‘三连冠’单位”荣誉称号。2000年、2001年、2003学院荣获民航局“航空安全金鸥杯”。“航空安全金鸥杯”见图11–1。

2007年，荣获民航局“飞行训练安全一星奖”；2008年，荣获民航局“飞行训练安全二星奖”；2009年，荣获民航局“飞行训练安全三星奖”；2010年，荣获民航局“飞行训练安全四星奖”；2013年，荣获民航局“飞行训练安全五星奖”（见图11-2）；2015年，荣获民航局“飞行训练安全一星奖”；2016年，荣获民航局“飞行训练安全二星奖”；2017年，荣获民航局“飞行训练安全三星奖”；2018年，荣获民航局“飞行训练安全四星奖”；2020年，荣获民航局“飞行训练安全五星奖”。

图11-1 “航空安全金鸥杯”

图11-2 “飞行训练安全五星奖”奖状

二、学院级

（一）优质安全教学小组和优质安全机组

1996年度，评选出学院尊师重教先进单位29个；优质安全飞行教学小组12个（新津分院4个，绵阳分院3个，洛阳分院2个，广汉分院3个）；优质安全机组15个（新津分院5个，广汉分院2个，洛阳分院5个，绵阳分院3个）。

1997年度，评选出学院优质安全飞行教学小组14个（新津分院5个，绵阳分院4个，洛阳分院2个，广汉分院3个）；优质安全机组21个（新津分院8个，广汉分院3个，洛阳分院5个，绵阳分院5个）。

1998年度，评选学院先进集体30个；优质安全飞行教学小组18个（新津分院5个，广汉分院3个，洛阳分院6个，绵阳分院4个）；优质安全机组23个（新津分院7个，广汉分院3个，洛阳分院7个，绵阳分院5个，遂宁航站1个）。

1999年度，评选学院优质安全飞行教学小组18个（新津分院5个，广汉分院3个，洛阳分院6个，绵阳分院4个）；优质安全机组24个（新津分院7个，广汉分院3个，洛阳分院8个，绵阳分院6个）。

2000年度，评选学院优质安全飞行教学小组15个（新津分院4个，广汉分院3个，洛阳分院4个，绵阳分院4个）；优质安全机组23个（新津分院6个，广汉分院3个，洛阳分院8个，绵阳分院6个）。

2001年度，评选学院先进集体30个，优质安全飞行教学小组15个（新津分院4个，广汉分院2个，洛阳分院5个，绵阳分院4个）；优质安全机组23个（新津分院6个，广汉分院3个，洛阳分院8个，绵阳分院6个）。

2002年度，评选学院优质安全飞行教学小组17个（新津分院4个，广汉分院3个，洛阳分院6个，绵阳分院4个）；优质安全机组24个（新津分院5个，广汉分院4个，洛阳分院9个，绵阳分院6个）。

2003年度，评选学院先进集体28个，优质安全飞行教学小组16个（新津分院4个，广汉分院3个，洛阳分院6个，绵阳分院3个）；优质安全机组27个（新津分院7个，广汉分院5个，洛阳分院9个，绵阳分院6个）。

2004年度，学院优质安全飞行教学小组17个（新津分院4个，广汉分院3个，洛阳分院6个，绵阳分院4个）；优质安全机组27个（新津分院7个，广汉分院5个，洛阳分院9个，绵阳分院6个）。

2005年度，评选学院先进集体20个，优质安全飞行教学小组17个（新津分院4个，广汉分院3个，洛阳分院6个，绵阳分院4个）；优质安全机组26个（新津分院7个，广汉分院4个，洛阳分院9个，绵阳分院6个）。

2006年度，评选学院优质安全飞行教学小组23个（新津分院5个，广汉分院5个，洛阳分院7个，绵阳分院6个）；优质安全机组32个（新津分院8个，广汉分院5个，洛阳分院10个，绵阳分院9个）。

2007年度，评选学院先进集体21个，优质安全飞行教学小组30个（新津分院9个，广汉分院6个，洛阳分院9个，绵阳分院6个）；优质安全机组35个（新津分院11个，广汉分院5个，洛阳分院12个，绵阳分院7个）。

2008年度，评选学院优质安全飞行教学小组39个（新津分院12个，广汉分院9个，洛阳分院9个，绵阳分院9个）；优质安全机组44个（新津分院12个，广汉分院11个，洛阳分院13个，绵阳分院8个）。

2009年度，评选出学院优质安全飞行教学小组44个（新津分院12个，广汉分院9个，洛阳分院11个，绵阳分院12个）；优质安全机组47个（新津分院12个，广汉分院10个，洛阳分院13个，绵阳分院12个）。

2010年度，评选出学院优质安全飞行教学小组44个（新津分院12个，广汉分院9个，洛阳分院11个，绵阳分院12个）；优质安全机组47个（新津分院12个，广汉分院10个，洛阳分院13个，绵阳分院12个）。

2011年度，评选出学院先进集体21个；优质安全飞行教学小组46个（新津分院12个，广汉分院11个，洛阳分院12个，绵阳分院11个）；优质安全机组49个（新津分院12个，广汉分院12个，洛阳分院13个，绵阳分院12个）。

2012年度，评选出学院优质安全飞行教学小组49个（新津分院14个，广汉分院12个，洛阳分院11个，绵阳分院12个）；优质安全机组49个（新津分院12个，广汉分院12个，洛阳分院13个，绵阳分院12个）。

2013年度，评选出学院优质安全飞行教学小组49个（新津分院14个，广汉分院12个，洛阳分院12个，绵阳分院11个）；优质安全机组49个（新津分院12个，广汉分院12个，洛阳分院13个，绵阳分院12个）。

2014年度，评选出学院优质安全飞行教学小组56个（新津分院15个，广汉分院12个，洛阳分院12个，绵阳分院12个，遂宁分院5个）；优质安全机组52个（新津分院12个，广汉分院12个，洛阳分院13个，绵阳分院12个，遂宁分院3个）。

2015年度，评选出学院优质安全飞行教学小组60个（新津分院15个，广汉分院12个，洛阳分院12个，绵阳分院12个，遂宁分院9个）；优质安全机组55个（新津分院12个，广汉分院12个，洛阳分院13个，绵阳分院12个，遂宁分院6个）。

2016年度，评选出学院先进集体28个；优质安全飞行教学小组60个（新津分院15个，广汉分院12个，洛阳分院12个，绵阳分院12个，遂宁分院9个）；优质安全机组56个（新津分院12个，广汉分院12个，洛阳分院13个，绵阳分院12个，遂宁分院7个）。

2017年度，评选出学院优质安全飞行教学小组60个（新津分院15个，广汉分院12个，洛阳分院12个，绵阳分院12个，遂宁分院9个）；优质安全机组56个（新津分院12个，广汉分院12个，洛阳分院13个，绵阳分院12个，遂宁分院7个）。

（二）质量安全最佳分院

2002年度，新津分院荣获“学院航空安全最佳分院”。

2003年度，洛阳分院荣获“学院航空安全最佳分院”。

2004年度，洛阳分院荣获“学院质量安全最佳分院”。

2005年度，洛阳分院荣获“学院质量安全最佳分院”。

2006年度，绵阳分院荣获“学院质量安全最佳分院”。

2007年度，广汉分院荣获“学院质量安全最佳分院”。

2008年度，绵阳分院荣获“学院质量安全最佳分院”。

2009年度，广汉分院荣获“学院质量安全最佳分院”。

2010年度，广汉分院荣获“学院质量安全最佳分院”。

2011年度，新津分院荣获“学院质量安全最佳分院”。

2012年度，洛阳分院荣获“质量安全最佳分院”。

2013年度，洛阳分院荣获“质量安全最佳分院”。

（三）安康杯

2011年度，评选学院‘安康杯’竞赛优胜单位10个、优胜班组13个、最佳组织奖1个、优秀组织奖7个，先进个人12名。

2012年度，评选学院“现代五好班组”25个。学院“安康杯”竞赛优胜单位8个，先进个人12名。

2013年度，评选学院“安康杯”竞赛五好班组19个。学院“安康杯”竞赛优胜单位9个，先进个人12名。

2014年度，评选学院“安康杯”竞赛五好班组18个。学院“安康杯”竞赛优胜单位8个，先进个人13名。

2015年度，评选学院“安康杯”竞赛五好班组18个。学院“安康杯”竞赛优胜单位8个，先进个人13名。

2016年度，评选学院“安康杯”竞赛五好班组19个。学院“安康杯”竞赛优胜单位7个，先进个人13名。

2017年度，评选学院“安康杯”竞赛五好班组18个。学院“安康杯”竞赛优胜单位9个，先进个人13名。

2018年度，评选学院“安康杯”竞赛五好班组18个，学院“安康杯”竞赛优胜单位9个，先进个人13名。

（四）安全飞行奖章

1990–2009年学院荣获安全飞行奖飞行人员名单见表11–1。

表11–1　1990–2009年学院荣获安全飞行奖飞行人员名单

年度	奖项	名单
1990	特级安全奖	王世翔　潘　毅　曾大志　谢怀新　毕玉明　钱志良　杨信占　孔学令

续表

年度	奖项	名单
1990	一级安全奖	杨荣信 林军令 赵学文 徐希友 韦显成 郑孝雍 宋小明 李永圈 王宪平 姜轩平 余文亮
1991	特级安全奖	曲行善 王息盘 施俊相 陈发祥 李书文 丁援朝 殷延国 林南二
	一级安全奖	米俊平 孙克义 王志中 李同兴 殷志申 徐兆运 殷召敏 张洪汉 李月富 张丕途 郁维乔 徐可敬 宋继奎
1992	特级安全奖	魏正清 赵根红 陈恒选 沈瑞康 韦显成 陈植楠 孙宝珍 朱贤月 李意诚 刘明生 张甲辰 刘少奎 黄述东 李仲文 徐兆运 殷召敏 谢国权 张家彪 田春月
	一级安全奖	张立斌 次生贵 张　玉 郭平权 段家华 谭冬春 徐建民 边少斌
1993	特级安全奖	李天鸿 王志中 米俊平 周国芳 丁正荣 刘水生 赵学文 王宪平 潘如松 姜德明 吴廷泽 马振江 张丕途 李永圈 耿树华 魏仁民 宋小明 郑孝雍 张广运 姜轩平 余文亮 曹宝春 李书文 陈解云
	一级安全奖	唐正炎 石覃华 孙茂春 王才今 劳启世 陈家兴 王昌德 王远章 史守智 王开寅 张世凡
1994	特级安全奖	谭冬春 杨致珊 刘荣汉 孙茂春 段家华 徐建民 张立斌 王开寅 王远章 王昌德 徐幸福 刘文玉 殷志申 李月富 史守智
	一级安全奖	姚文伟 谢怀明 邓　歼 李勇军 魏　刚 郑　坚 黄新建 靳　坚 王　波 王小龙 刘国辉 向正湘 张建军 王朝洛 王国忠 吉新民 张　智 徐立剑 李　宜
1996	功勋飞行员	王世翔 徐兆运 代英华 姜轩平 黄述东 曹宝春 谢国权 邓　歼 张立斌 毕玉民 张甲辰 孔学令 丁援朝 姜德明 晏新民 李仲文 田春月 杨信占
	金质奖章	魏正清 孙宝珍 曾大志 丁正荣 孙茂春 陈锡信 张广运 谭冬春 刘荣汉 朱贤月 曲行善 徐幸福 王国忠 王开寅 刘永生 段家华 陈植楠 徐建民 王景略 余文亮 李意诚 马振江 刘明生 李永圈 张　智 黄新建 李月富 耿树华 刘少奎 林南二 郑孝雍 殷志申 宋小明 王远章 吉新民 魏　刚 史守智

续表

年度	奖项	名单
1997	功勋飞行员	李书文 孙宝珍 丁正荣 朱贤月 曾大志 陈植楠 钱志良 张家彪 赵根红 殷延国 徐幸福 郑孝雍 杨玉存 谢怀新 周国芳 刘文玉 次生贵 宋小明 王远章
	金质奖章	徐立剑 满建利 郑晓东 徐景辉 向正湘 杨津川 代成怀 袁崇钊 陈发祥 李 滇
1998	功勋飞行员	耿树华 刘少奎
	金质奖章	岳永宏 王昌德 何茂林 赵晓勇 王 波 杨小兵 郭守现 李 旗
1999	功勋飞行员	袁崇钊 向正湘 余文亮 杨小兵 满建利 吉新民 郑晓东 张 毅
	金质奖章	余绍焱 孙文胜 王朝洛 熊良健 董建民 刘庆卫 李连生 杨仁录 马子刚 郑 坚 伍 伟 黎 傲 彭 涛
2000	功勋飞行员	戴成怀 黎 傲 余绍焱 赵晓勇 伍 伟 岳永宏 董建民 何茂林 徐立剑 黄新建 孙文胜 魏 刚 刘庆卫 王朝洛 徐景辉 彭 涛 李 旗
	金质奖章	曹建丰 石 清 東红星 付德武 刘 伟 李旭斌 丁训耕 张建军 刘惠祥 孙 承 白洪秋 孙凤伟 郑启涛 段永刚 张国庆 张剑林 吴 峰 唐世明 曾 勇 葛志斌 刘明智 刘雪冰 彭 泉 贾 清 万治中 方 鹏 秦险峰 谷 斐 温 涛 谢 华 丁 健 殷长富 钟 斌
2001	功勋飞行员	万治中 谷 斐 秦险峰 贾 清 彭 泉 方 鹏 李连生 曾 勇 唐世明 郑启涛 刘明智 段永刚 石 清 曹建峰 杨仁录 钟 斌 白宏秋 熊良建 東红星 丁训耕 郭守现 李旭斌
	金质奖章	马建新 荣志远 黄良波 关立欣 吴 强 田凤阁 曹鹏飞 黄 泓 黄文彦 提 玮 顾晓东 尹庆义 梁 军 赵 磊 刘国辉 马少华 孙晓剑 王文平 武守斌 王 旺 赵 琪
2003	功勋飞行员	付德武
	金质奖章	尹华勇 杨 斐 王 民

续表

年度	奖项	名单
2004	功勋飞行员	丁　健　刘　伟
	金质奖章	欧阳霆　李　宜　谢天国　王　翔　廖正聪　雷　霆 李秀义　张　勇　黄洪波　梁海清　邓烈勇
2005	功勋飞行员	曹鹏飞　张剑林　吴　锋　黄良波　赵　磊　杨　斐 邓烈勇　王文平　尹华勇　雷　霆　王　翔
	金质奖章	王永根　王　晨　王宏建　犹　铁　陈玲贵　钟　伟 凌晓华　强生权　李　鹏　郝新炜　隋洪浩　杨　锐 凌晓熙　阎成贵　王有坤　何祥勇　代贵秋　唐　誉
2009	功勋飞行员	王永根　王宏建　犹　轶　李　鹏　隋洪浩　黄洪波 王　民　李秀义　王有坤　代贵秋　何祥勇
	金质奖章	文　彬　黄　宇　王斌宏

三、近年安全先进事迹

1994年4月28日，洛阳分院训练二部飞行教师李晓幕带飞学生吴刚，驾驶TB20/B-8920号机执行洛阳—咸阳—洛阳航线训练任务，当飞机从咸阳机场起飞上升至高度30米时，教师李晓幕发现滑油压力故障信号灯亮，滑油压力指示急剧下跌至红区，同时听到发动机有金属撞击声，感到发动机马力下降，立即报告塔台指挥员，并果断地决定，按规定的应急程序，正确地操纵飞机，仅在2分钟时间内，安全地落地在咸阳机场。经检查，该机发动机因机械原因已严重损坏。由于教师李晓幕发现及时，处置果断，措施得力，操纵正确，机组配合协调，避免了一场可能发生的严重事故。学院给予李晓幕记大功一次，发给奖金6 000元，给吴刚记功一次，发给奖金500元。

1995年12月15日，广汉分院丁援朝机组6人（机长丁援朝，飞行教师孙文胜，机械教师姜德明，报务教师戴英华，学生宫冬明、孙经）驾驶Y7/B-3480号机执行广汉—洛阳—广汉航线训练任务。在飞越西安出商县走廊时，因洛阳、郑州机场不够降落标准而决定备降咸阳。在进近放起落架时，机组听到不正常声音，并伴有较大抖动，检查起落架信号牌，发现左主起落架放下绿灯不亮，为判明是电路故障还是机械故障所引起，机组到客舱目视检查，发现该起落架红色标志线错位2～3厘米，并前倾约5度，确认没有放到位，机组便立即报告给了塔台，并征得塔台同意，采取增速、上升转弯、假设着陆的蹭地复飞等应急措施，均未奏效。机组为减轻飞机的载荷和落地后可能出现的险情，决定到塔台指定的空域耗油，耗油约1小时后回场看陆，期间，机组按飞行手册规定做了释压、打开舱门、紧急窗口和着陆后关车、灭火准备等操作，另外还请求塔台准备一辆卡车支撑左机翼。经过机组的正确处置，飞机于当日12：54分安全降落在跑道上。经查，该事故系左起落架外筒收放作动筒连接摇臂大应力疲劳断裂造成。学院给予丁援朝同志记二等功一次，丁援朝机组记集体三等功一次，奖励丁援机组人民币1万元。

1996年12月5日，广汉分院责任机长谢国权、飞行教师邓歼、飞行机械员杨小兵、飞行通信教师戴英华、带飞学生张虎斌等3人，驾驶Y7/B-3469号机，执行广汉、洛阳、太原、广汉转场训练任务。13：55，从太原起飞，约14：15，谢国权发现右起落架舱门内侧下部有油渍，立即提醒机组注意观察和监控右发动机的工作情况，特别是关注滑油量的消耗和滑油压力的变化。14：43，机组感到飞机振动，发现右发动机工作参数剧烈摆动，判断右发失效，立即进行顺桨停车、调整左发功率的操作和做好灭火的准备，同时，操纵飞机控制状态，正确、有效地完成了应急停车程序，进入了单发飞行，并迅速与咸阳机场取得联系，要求紧急备降。在此期间，机组按规定设置了应急代码，复习了单发着陆处置方法，以及对进近着陆过程中可能出现的各种情况进行了预想和准备。单发飞行约半小时，在机场当局和航管部门的积极配合和正确指挥下，于15：19安全备降在咸阳机场。经查，系减速器部件二号游星齿轮轴承保持架（773、08、327）损坏，导致了滑油系统的污染，造成油路不畅，使发动机中、后轴承润滑不良，引起中、后轴承内腔温度急剧升高，滑油汽化燃烧，造成发动机失效。学院给予广汉分院谢国权机组记集体三等功一次，给予谢国权、邓歼同志各记二等功一次，给予杨小兵同志记三等功一次，奖励谢国权机组人民币1万元。

1997年12月15日，洛阳分院飞行训练一部熊良健机组（机长熊良健、学牛徐明、干义健）驾驶TB20/B–8918号机，执行本场课IJ训练。期间，由于机械原因而使前起落架放不到位，虽经机组采取各项应急措施，前轮仍未到位。分院对此突发事件组织有力，迅速制定了有效的场内迫降应急方案。各级领导、有关单位人员到位迅速，采取了积极有效的地面安全措施。最后在训练一部、公安分局、总务处、车管科等单位的大力支持和密切配合下，成功地实施了应急方案，保证了人机安全。学院给予熊良健同志记二等功一次，给予熊良健机组记集体三等功一次，奖励熊良健机组人民币6000元。

1999年7月8日，洛阳分院训练二部组织飞行训练，教员隋洪浩、跟班教员赵磊、带飞学生李鹏驾驶TB20/B–8922号机执行本场仪表训练任务。飞机于10：40起飞，飞至高度约30米时，机组感到发动机抖动，马力严重不足，随即检查发动机仪表，发现排气温度和汽缸头温度明显下降，当即判断为发动机故障。机组遇险不慌，沉着冷静，积极与指挥员保持密切联系和互相配合，迅速加入小航线于10：43安全落地。经对该发动机的分解检查，发现是由于设计原因造成的：发动机调速器齿轮箱涡杆轴固定螺钉松脱，并从油路进入机匣内部造成发动机严重受损。学院给予教员隋洪浩记二等功，隋洪浩机组记集体三等功，奖励机组人民币6000元。

2000年4月3日，绵阳分院训练二部组织训练飞行，向北起飞。塔台指挥员为吉新民（训练二部主任），进近指挥员为张甲晨（分院飞行师）。教员王翔、学员康鹏驾驶TB20/B–8908号机按计划进行绵阳—遂宁转场训练飞行。该机于08：52开车，试车正常。因飞行间隔调配，机组请示指挥员先飞一个穿云。于09：05起飞后，机组正常收轮。直线上升至200英尺，机组按程序与进近指挥建立联系。飞至离地约300～400英尺，机组准备设置爬升功率时，突然发现发动机震动并冒白烟，随即发动机停车。机组立即报告指挥员：“迫降，发动机停车了。”并按照特情处置预案右转飞向河滩，进行场外迫降。在迫降过程中，机组试图启动发动机没有获得成功。指挥员得到报告，立即发出了“关电门、打开舱门、脚放仪表板上”的迫降方法指令。机组在飞机落地前，关掉了电源总电门、混合比杆，打开了座舱盖。09：07，该机接地后，向前拖滑40米，最后停在距机场方位42度、2.7千米的河滩上，机头方向75度。迫降点经纬度为N31° 25＇74＂，E104° 46＇87＂。机组在迫降过程中，临危不惧，沉着冷静，密切配合，正确按迫降程序进行处置。指挥员在危急关头，正确发出了指挥口令。经查，该事故系汽缸连杆与连杆盖之间的固定螺帽脱落，造成汽缸连杆与曲轴脱开所致，且发现发动机是1998年8月在新加坡新宇航公司翻修的，翻修后装上飞机仅支行了6小时23分钟。学院给予教员王翔记一等功、学生康鹏记二等功，奖励机组人民币7000元，给予指挥员吉新民、张甲辰进行通报表彰，各奖励人民币800元。

2000年5月31日，新津分院训练一部谢天国机组驾驶TB20/8930执行遂宁—广汉—新津训练任务。该机于16：45从遂宁机场起飞，当飞机上升到100米高度后左转继续爬升时，发动机出现较严重的间断性工作故障，汽缸头温度下降，排气温度上升，发动机产生剧烈的抖动，并且出现发动机马力减小，飞机掉高度的情况。机组立即按特情处置程序进行处置，收小油门并加入小航线反向着陆，于16：50安全落地。后经检查该事故是发动机一号缸排气门推杆座严重磨损所致，当时如果判断有误，继续飞行有停车的危险。学院给予谢天国机组记三等功一次，奖励人民币2000元。

2003年10月23日，绵阳分院训练一部教员杨锐带学生高扬驾驶TB200/B-8821号机，在272空域执行教学训练飞行任务时，发动机突然发生剧烈抖动，马力减小，高度下降。在返场途中，发动机一直持续剧烈振动，并伴有排气管放炮声，勉强维持80～85海里／小时的飞行速度（1海里≈1.85千米），保持平飞困难。机组临危不惧，沉着冷静，密切配合，正确按预先准备的特情处置程序进行处置，避免了可能发生的严重后果。飞行指挥员和跟班领导在危急关头，准确、果断发出各种指挥口令，并组织人员做好了飞机在老机场备降的各项准备工作。学院给予教员杨锐记二等功、奖励人民币2 000元，给予飞行指挥员尹庆义、马子刚通报表彰，各奖励人民币600元，给予分院飞行跟班领导徐立剑通报表彰，奖励人民币600元，给予学生高扬通报表彰，奖励人民币300元。

2004年4月16日，洛阳分院训练一部牟喜林机组（教员牟喜林，学员周亮丞、郭乾）驾驶TB200/B-8806号飞机进行本场起落监视单飞训练。飞机在三转弯前发动机出现剧烈抖动，教员牟喜林立即换下右座学员，操纵飞机转向机场，同时报告指挥员。此时发动机持续抖动，仪表指针剧烈摆动，滑油压力降至下黄区，发动机功率下降。在指挥员的指挥下，机组密切配合，按照紧急着陆程序操纵飞机安全着陆，保证了人机安全。经查，发现1、3号气缸挺杆座严重损坏，进气门挺杆座仅存1/3左右，排气门挺杆座残存不足1/5，脱落物将发动机内部机件严重损伤，该发动机报废。飞行机组如不果断处置，继续飞行将可能产生严重后果。学院给予牟喜林机组通报表彰一次，奖励人民币600元。

2005年6月11日，新津分院机务工程部运五机械组组长卢启文在对TB20B-8929号机进行的50小时定检工作中，检查发现该机发动机架左上耳根部出现37毫米周向裂纹（裂纹接近周长一半）的重大故障，从而把住了安全关口，遏止了飞行中可能发生的严重后果。学院给予卢启文同志通报表彰，奖励人民币1 000元。

2005年9月29日，洛阳分院Y7/B-3470号机李旗机组执行洛阳—广汉—洛阳转场训练任务。当时的天气状况为能见度800米，东风4米／秒，小到中雨，低云量5个80米，9：43飞机使用26号跑道起飞，在上升过程中，飞机发动机各种参数正常，按P52—11D号标准离港程序正常出航，当飞机上升至1 800米的高度时，机组发现座舱空调通气孔有淡淡的烟雾并闻到了异常味道，检查发现左发滑油量迅速减少，机组判断为左发滑油外漏，并向指挥员报告，机组根据指挥员要求返航，保持1 800米过VOR台加入修正角程序，将左发油门收至空中慢车以减缓滑油外漏，并注意观察发动机滑油油量、滑油压力、排气温度等参数。同时，第二机长邓烈勇替换下学生何传民，由机长李旗操纵飞机，邓烈勇和空中机械彭涛负责按照机长指令，落实检查单，按特情处置预案做好了单发处置的准备。当飞机距本场5海里时，机长李旗报告左发滑油量下降较快，准备关掉左发（为保护发动机），指挥员张立斌考虑到本场天气太差，飞机又是满载运行，一旦单发，机组处置困难，于是指挥机组暂不关车，密切注意发动机工作参数，不到万不得已不要关车。10：05飞机安全着陆，飞机前轮接地后，机组关闭左发顺桨，单发滑回停机坪。此时，左发滑油指示仅为15升，进气道和桨帽处附有大量的滑油油迹。后经机务人员检查发现滑油泄漏的原因为左发测扭泵安装底座密封垫失效。学院给予李旗机组通报表扬，奖励人民币6 000元。

2005年10月30日，绵阳分院TB20/B-8913号机机组在完成空域课目返场加入VOR台等待过远台下降高度，收油门到15吋时，转速迅速下降到2 000转/分，机组感到马力明显不足，当即加油门17吋，发动机马力恢复了正常，在三转弯时机组报告“发动机工作有问题，作高下滑线着陆”，飞机转向五边后，指挥员看到机后有黑烟，在飞机降落到跑道上，机组收油门时，发动机迅即停车（人机安全）。随后，机务人员在排除该发动机故障原因的过程中，通过进行地面模拟试验，重现了该故障现象，认定该故障系发动机燃油调节器工作不正常所致，并更换了故障燃调。11月16日，机务工程部向分院提出该机试飞申请，但徐建民院长认为，虽然故障再现时的原因是燃油调节器的问题，也更换了燃调，但造成燃调工作不正常的真正原因还很不清楚，再次要求机务工程部追根求源，继续查找真正的原因。经请示学院同意，并报学院机务处认可，11月23日上午，分院特地组织有关人员，从航材库房任意领取了一个可用燃调进行技术攻关，在全面分解检查中意外发现该燃调慢车活门组件部位有较多不正常白色异物这一重大故障隐患（此异物可导致燃油喷嘴堵塞引起发动机停车）。分院机务工程部及时将此情况上报学院机务处。机务处对此情况高度重视，组织飞机修理厂又随机分解了两个到寿燃调，均发现燃调慢车活门组件部位有黑灰色絮状和白色片状异物，片状异物呈透明状（极薄），感觉事情严重，立即下文要求全院对所有的TB和施瓦泽机型发动机燃调进行停飞普查，结果在普查的55个燃调中共发现有47个燃调慢车活门组件垫圈存在不同程度的磨损物。后经中科院成都分院高分子材料检测中心检测证实，异物的材质为聚四氟乙烯，与燃调慢车活门组件的白色特氟隆垫片的材质相同。经分析比对，初步认定异物的产生为燃调慢车活门组件的特氟隆垫片过度磨损所致，此问题的发现及时消除了可能导致飞机发动机空中停车，严重威胁飞行安全的重大隐患。学院给予徐建民记功一次，奖励人民币1万元

2005年11月，绵阳分院在排除TB20/B-8913号机落地滑跑中发动机停车的故障中，意外发现燃油调节器慢车活门组件垫片严重磨损这一重大故障隐患。得知此信息后，学院机务处立即组织开展全院普查，结果发现该故障现象在学院大量使用的莱康明直喷式发动机中普遍存在，致使初教机全部停飞。此问题的出现，不仅对学院的飞行安全产生巨大威胁，而且严重影响学院飞行训练的正常进行。为及时排除故障，在向多方寻求技术支持没有回应的情况下，学院机务处立即决定依靠自己的力量，会同有关部门组织技术骨干成立了专门的“攻关小组”。“攻关小组”在较短时间里，通过查阅大量技术资料、集思广益、多方论证、反复实验，最终制定了《采用铝青铜金属垫片替代原用进口的聚四氟乙烯塑料垫片》的排故方案。该方案经学院同意后报民航西南适航审定处审批后顺利通过。“攻关小组”研究制定的《采用铝青铜金属垫片替代原用进口的聚四氟乙烯塑料垫片》的方案，彻底排除了莱康明直喷式发动机由于燃油调节器慢车活门组件垫片严重磨损，可能导致发动机停车的重大故障隐患，不仅在保证学院单发飞机的飞行安全方面做出了突出的贡献。而且使此故障对初教机正常训练用机造成的影响减到了最小程度。学院给予莱康明直喷式发动机燃调慢车活门组件垫片磨损故障攻关小组通令嘉奖，奖励人民币3万元。

2005年12月7日，广汉分院夏延B-3621号飞机执行转场贵阳教学训练任务，机组成员有责任机长刘亮，第二机长赵星，学员田宏博、贺嘉。该机于08：03从广汉机场起飞，在距叙永60海里，从高度5100米上升到5700米过程中，机组听见主警告响，同时发现右发滑油压力警告灯亮，立即检查发动机参数，发现右发扭矩下降，螺旋桨转速下降，右发ITT温度快速下降到500度左右，滑油压力下降很快。机组目视检查右发动机，发现滑油明显外漏，发动机包皮及后缘整流罩均是油迹，立即将右发油门收到慢车，脱开自动驾驶，并向管制报告情况，请示返航，同时执行“发动机滑油压力低”检查单，此时发现滑油压力低至0，机组关闭右发，完成“发动机空中关车”检查单，飞行状态稳定后，刘亮将在座学员换下，实施双机长操纵，密切监控左发动机工作情况，单发返航。与此同时，广汉分院启动应急处置预案，为B-3621安全返场做好相应的准备工作。09：17，B-3621号机进场，在塔台指挥领导小组的指挥下，机组按照单发着陆检查单完成相应检查后，操纵飞机于09：28安全着陆。经地面检查发现，导致此次重大机械故障的发生原因是主调速器上的反桨锁定电磁关断活门底座密封胶圈失效。学院给予刘亮机组通报表扬，奖励人民币6 000元。

2007年6月5日，洛阳分院运七B-3435飞机执行洛阳—广汉转场训练任务，12：30左右，在广汉机场过站等待加油的过程中，空中机械员王民在检查飞机时，发现右发起落架吊舱处有燃油滴出，立即将此情况反映给广汉分院运七中心机务人员，正在值班的运七中心主任王道平迅速跑到右发动机下进行检查，当打开右起落架吊舱舱门做进一步检查时，发现吊舱内顶部已出现火情。情况十分紧急，王道平焦急地一边向同事大声呼喊“飞机着火了，快来灭火”，一边快速拿起灭火瓶实施灭火。此时，听到呼喊声的机务人员周观清、李庆、冉江和负责飞机监护的经警黄涛，迅速拿起就近的灭火瓶冲向飞机灭火。在机务人员和经警战士的奋力扑救下，及时将火情扑灭。事后查明失火原因为：一、右Ⅱ组压力加油总管夹布胶皮连接管渗油；二、固定右Ⅱ组压力加油总管的支架裂纹变形，使加油总管产生位移，导致夹布胶皮管金属卡子与直流汇流条接触短路跳火引起油分子燃烧产生明火。学院给予王道平同志记功一次，奖励人民币10 000元，给予王民、周观清、李庆、冉江、黄涛同志通报嘉奖一次，奖励王民同志人民币4 000元，奖励周观清、李庆、冉江、黄涛四名同志人民币各2 000元。

2007年7月4日，新津分院二大队组织夜航训练，新津分院飞行教师唐羽和学生邓志清驾驶C172/B-9254号机执行105航线训练科目（新津—乐山—新津），21:16，飞机在乐山上空返航时，教员唐羽向塔台报告：“发动机剧烈抖动。”指挥员立即指挥：“保持好飞机状态，注意保持速度，高度，检查发动机参数，检查磁电机，调整混合比和油门，开燃油泵。”机组随后回答：“调整后发动机抖动状况不变，满油门情况下暂时可以维持高度，转速2 100转/分，速度95海里，仪表显示发动机2号汽缸排气温度，汽缸头温度无指示。”分院值班领导命令启动《新津分院应急处置方案》，通知相关人员到位。指挥员指挥机组适当调贫油，保持高度。21:18，机组报告转速下降至1 800转/分，飞机在速度95海里的情况下无法维持高度，下降率为100尺/分；指挥员指挥机组减速至90海里，保持高度；机组随后报告速度减至90海里后可以维持高度，发动机抖动情况无变化。塔台指挥飞机保持约90海里速度，以1 280米高度回场，其间机组报告发动机抖动情况无变化。21:55，飞机到达机场上空，高度1250米，塔台指挥机组在跑道上空偏西北位置右转盘旋下降，谨慎收油门1 500转，下降率600尺，飞机下降至场高约300米时，塔台指挥机组按小航线路线做着陆，提高下滑线，做好低空发动机停车的处置准备。21:58，飞机安全落地。经查，系2号缸排气门卡阻在开位所致。学院给予唐羽通报嘉奖一次，奖励人民币7 000元。

2007年9月13日，绵阳分院飞行十二大队教员马翼和学生蒋志军驾驶C172/B-7934号机执行空域训练任务。19:00点左右结束空域科目，19:10左右在飞往富乐山途中，高度从1 200m下降到1 000m过程中发动机出现持续性抖动。报告进近后保持高度1 000m飞向北台，同时联系塔台，塔台指挥上高度1 100m飞向北台，机组对油门和混合比进行调整，但抖动没有减小的趋势，同时发现2号缸排气温度指示400℉左右，气缸头100℉以下，判断2号缸工作不正常。机组保持1 700转速，高度1 100飞往北台，到达机场上空，塔台指挥减小油门下降高度，油门收到1 500转速后抖动更加剧烈，遂将油门恢复到1 700转以上，抖动减轻，下降到高度800M油门1 700转，进入五边确定能进场后，减小油门功率明显减小，19：20左右收光油门安全落地。经查，本事故系2号缸排气门卡阻在开位所致。学院给予马翼通报嘉奖一次，奖励马翼人民币5 000元。

2007年12月13日21：00左右，洛阳分院TB200/B-8803号机在结束夜航训练滑回机库时，机务一队值班领导秦广桂（机械）、余学礼（特设）二人分别听到该机发动机发出有规律性的轻微异常声响，随即一起询问机组发动机工作状况，机组反映发动机工作一切正常，但秦广桂仍不放心，立即报告了机务部值班领导，并取消了该机次日的飞行计划。12月14日，机务二队对该机进行检查，切割主滑油滤后发现油滤内有大量的铜质金属屑。12月14日晚，机务二队对该机进行拔缸检查，发现曲轴孔内、收油池油滤内、收油池内，有大量的铜质和少量的铝制金属碎块。12月15日中午，机务二队继续拔缸检查，最终发现1号气缸连杆活塞销安装孔内的青铜衬套碎裂脱落近60%、活塞下部已撞击到曲拐上并出现损伤这一重大机械故障（该故障在TB200飞机上首次出现）。该故障若发现不及时，将会造成气缸组件结构损坏，发动机工作严重失常，将直接威胁到飞行安全。学院给予秦广桂记功一次，奖励人民币10000元；学院给予余学礼通报嘉奖一次，奖励人民币2 000元。

2008年2月23日，洛阳分院郭祥亮在完成TB-200/B-8840号机发动机300小时定检工作的过程中，在工作单没有列出“燃油调节器空气薄膜室壳体堵盖”检查内容的情况下，主动扩大检查范围，发现有发动机燃油调节器空气薄膜室壳体堵盖松动的重大故障存在。之后分院机务部组织人员对使用同类发动机的TB-200、172R、LE-500飞机进行了普查，又发现

B–8838、B–8810的两架飞机发动机存在相同故障现象。学院给予郭祥亮通报嘉奖一次，奖励人民币500元。

绵阳分院在航空安全运行管理工作中，狠抓规范化管理，紧紧围绕飞行训练实际，勇于创新，利用现代技术进行数据化管理，研究制定了“飞行训练信息监控管理图表”和“飞机故障信息统计分析图表”，很好地解决了飞行训练管理中存在的数据收集不全、准确度不高、分析方法不科学等问题，为教学训练的科学决策提供了可靠依据，推动了分院安全运行管理再上新台阶。此项工作得到了学院领导、学院业务机关的肯定与好评，并被各分院借鉴、使用。为表彰绵阳分院在航空安全运行管理工作中所发挥的积极作用，调动广大教职工积极为学院训练质量与飞行安全管理献计献策，提高学院整体训练安全运行管理水平，学院给予绵阳分院通报嘉奖一次，奖励人民币5 000元。

2008年8月3日，新津分院C172/B–9273号机胡鑫机组执行新津—广汉—新津转场训练任务。9：10该机从广汉机场起飞，9：20在距彭县约3～5海里时，发动机突然剧烈抖动，声音异常、功率下降，机组在密切关注发动机状态参数的同时，按照新津分院塔台指令就近返航广汉机场，于9：37安全着陆。经查，发现3号缸燃油喷嘴内有一尺寸约1 mm×4 mm的不规则长方体状的堵塞物。经中科院成都分院的材质理化分析，该堵塞物为一种以涂料成分为主的酯类化合物。为尽快确定堵塞物的来源，学院机务处专门派员与新津分院机务工程部人员一同对维修工作的全过程展开调查，并对发动机燃油系统和工作场所的疑似物进行了收集、处理，其中包括生产厂家装配燃油分配器转接头涂抹的密封胶，经中科院成都分院检测最终认定：燃油分配器转接头所涂密封胶的红外线吸收光谱与3号缸燃油喷嘴堵塞物光谱一致。至此，C172/B–9273号机3号缸燃油喷嘴堵塞物的来源最终得以查清。3号缸燃油喷嘴堵塞物材质和来源确定后，学院机务处对此高度重视，又会同学院安运办组织飞机修理厂对川内3个分院“7”字头和“9”字头C172飞机进行抽查，发现均不同程度地存在类似安全隐患。经请示学院领导同意，全院C172飞机停飞。8月20日至8月28日，飞机修理厂通过精心组织（两个小组）、加班作业，在最短的时间内，完成102架飞机发动机燃油分配器和部分备件的特检任务，保证了学院C172飞机的正常训练。学院给予胡鑫机组通报嘉奖一次，奖励人民币5 000元。给予新津分院通报嘉奖一次，奖励人民币1万元。给予飞机修理厂通报嘉奖一次，奖励人民币1万元。给予学院机务处通报嘉奖一次，奖励人民币1万元。

2008年9月10日，洛阳分院张雪平在对TB200/B-8838号机进行技术状态检查时，在扳动方向舵时感觉其间隙比正常的大，且方向舵纵轴有摆动现象，随即叫其他同志也来感受间隙大小，同时用灯光通过方向舵前缘下部的检查孔进行进一步检查，发现了方向舵操纵轴固定架左右有裂纹这一重大故障。该故障在学院尚属首次发现，裂纹部位非常隐蔽，若未及时发现，将会导致方向舵空中操纵失效，严重威胁到飞行安全。学院给予张雪平通报嘉奖一次，奖励人民币1 000元。

2009年5月6日，绵阳分院学生刘鹏鸣、徐钦驾驶PA44/B-3608号机执行航行科目训练。14：31飞机从南部县上空返航时，机组报告发动机工作异常，飞行指挥员立即予以指挥帮助，进行正确判断后，机组关闭左发并顺桨，按单发应急程序操纵。在空地密切配合下，经过50分钟的单发飞行，飞机于15：21安全降落，人、机安全。经查，系发动机曲轴配重销脱落，造成发动机内部结构严重损坏。学院给予B-3608号机机组通报嘉奖一次，奖励人民币3 000元。飞行指挥岳永宏通报嘉奖一次，奖励人民币1 000元。飞行教员黄伟通报嘉奖一次，奖励人民币1 000元。

2009年5月26日，新津分院机务工程部在完成C172/B-7929号机1 700小时定检工作的过程中，发现滑油中有少量磁性金属屑。机务工程部对此高度重视，报请学院机务处同意后按莱康明服务说明SI1492D的要求监控飞行，期间再次发现少量金属屑，分院机务工程部紧急召开可靠性委员会进行专题分析研究，一致认为此故障可能是发动机凸轮组件工作异常所致。经组织技术人员拔缸检查后发现：4号缸进气门挺杆座对应凸轮凸峰磨损。

后将该发动机送厂分解进一步检查后发现：4号缸进气门挺杆滚轮一侧接耳断裂，机匣已有损伤，同时发现机械燃油泵垫片脱落于收油池内。该故障是学院引进C172机型以来首次发现的，故障隐蔽性强，对飞行安全的威胁极大，且该机型为单发飞机，危险程度更高。学院给予新津分院机务工程部通报嘉奖一次，奖励人民币2 000元。

2008年9月24日，洛阳分院飞行教员刘庚带飞学生任重远（左座）驾驶PA44/B-3602号机执行仪表进近科目训练。飞机于07：42起飞，离陆后高度达到15米左右时，机组发现左发动机有轻微抖动，在加入小航线左转弯过程中左发突然失效，功率迅速下降、飞机快速偏转并下沉，同时地面观察到左发动机后部冒出白烟，机组努力控制住飞机状态。由于左发转速迅速下降，飞机无法顺桨，高度难以维持，飞机于07：45在跑道北侧草地迫降接地，滑行262.5米并穿越跑道后于南侧草地停住，飞机受损、人员安全。经查，本事故系发动机曲轴配重销脱落，造成发动机内部结构严重损坏。学院给予B-3602号机机组通报嘉奖一次，奖励人民币4 000元。

2009年9月30日，洛阳分院机务工程部值班员杨鑫在对TB200/B-8835号机进行短停检查时，发现前起落架及发动机包皮上有滑油痕迹，进一步检查发现发动机左机匣及收油池上均有较多滑油。杨鑫当即指挥飞机滑回机库进行彻底检查，经采用涡流和显影探伤技术手段进行检测后，最终发现该发动机左机匣起动机安装座处有一裂纹，呈L形状，长约80 mm。该裂纹若不及时发现，极有可能造成机匣破裂并引发滑油泄漏，进而导致发动机严重损坏、失效。学院给予杨鑫通报嘉奖一次，奖励人民币1 000元。

近年来，随着学院飞行训练事业的快速发展，原有的空域、航线等训练资源已不能满足教学飞行的需要了，为了给飞行训练提供优质的航务保障，空管中心在空域、航线资源的拓展、优化和自身业务作用发挥、水平提高等方面，积极开拓，大胆创新，做了大量富有成效的工作，促进了飞行训练工作的正常开展。积极应对，不断拓展空域训练资源。为了最大程度地减少民航机场扩建、空军进驻、航线拥挤等新问题对我院训练飞行的影响，在充分调研和实地考察的基础上，空管中心力推学院管制员进驻院外（南充、运城）机场以保障训练飞行的制度，为我院与民航机场、军民合用机场的航务合作保障训练飞行打开先河，从而大大增加了学院的飞机训练流量和容量，及时有效地缓解了训练空间短缺的问题，为训练任务的完成提供了强有力的保障。同时，针对现有航线资源相对不足的状况，空管中心还不断开通新航线，先后完成了“洛阳—运城”“绵阳—（南部）—南充”及“玉龙—遂宁”等17条新航线的申报、批复工作，使洛阳分院航线训练环境得到了较大的改善，尤其在推进和实现川内转场航线“多边形”架构的整体构想方面发挥了积极作用，使川内转场航线资源在训练量激增的情况下得到了充分的利用，为训练大纲的符合性和教学质量的提高起到了良好的支撑作用。科学优化，不断改善训练保障环境。在努力拓展训练空间的同时，空管中心对现有的训练航务保障环境进行了科学合理的优化。一是增加本场空域的可用高度层，提高安全裕度，扩大训练空间，如将遂宁机场上空空域高度由修正海压2 100米抬升至2 400米；二是理顺并完成外籍飞行学员使用我院空域、航线的协调、申报工作；三是签订院外航务保障协议，优化外部训练环境，先后与包括4个高原机场在内的院外12个机场签订了航务保障协议，为学院高教机航线训练创造了良好和宽松的外部环境，受到教员好评。转变观念，积极发挥空管业务作用。为缓解无线电通话繁忙，减轻飞行指挥员的安全压力和劳动强度，确保空地有序，截止2009年年初，塔台指挥分频工作已全面展开，全院管制室正式负责进近指挥；空管中心还全力支持和参与ADS-B系统的运行标准制定及设备国产化研制工作，并取得了一定的进展。此外，空管中心首次举办和积极参与学院进近管制技术、民航通导技术、民航气象技术大比武等活动，既加强了院内外的沟通交流，也有力地促进了人员业务水平的锻炼和提高。学院给予空管中心通报嘉奖一次，奖励人民币20 000元。

2010年4月24日，新津分院C172/B-9340号机执行绵阳—广汉—新津转场训练任务。该机于高度1 200米时联系广汉进近，广汉进近管制员指挥其上升至高度1 800米，在上升过程中与执行广汉—绵阳转场训练任务的B–9259号机（1 500米保持）发生冲突。绵阳分院进近管制员赖曦明通过监控设施及时发现异常，紧急呼叫B–9259号机上升避让，并让空中飞机调广汉频率转告有关冲突信息。冲突发生时两机最小垂直间隔77米，对头间隔约2海里。在整个过程中，广汉进近管制员始终没有发现和纠正错误。学院给予赖曦明通报嘉奖，奖励2000元。

2010年4月11日，新津分院机务工程部在完成C172/B–7909号机1 500小时定检的过程中，维修人员严军发现2、4号缸靠近燃油分配器端燃油导管固定螺帽裂纹，立即报告中队后，又检查出C172/B–9340号机新装翻修发动机存在同样的故障现象。分院机务工程部立即普查所有C172飞机燃油导管，在B–7936机2号缸、B–9274机4号缸又发现类似故障。随后，分院机务工程部将此情况上报学院机务处，经全院普查C172飞机，广汉分院B–7905机3号缸、B–7941机1号缸，一台备用发动机1、3号缸以及进厂待修的2台发动机各有3根燃油导管固定螺帽裂纹。该故障隐患是学院引进C172机型以来首次发现的，隐蔽性强，危险性高，如果裂纹没有及时被发现，将严重威胁到飞行安全。学院给予严军通报嘉奖，奖励1 000元。

2010年4月13日，新津分院C172/B–9331号机执行新津—广汉学生机长转场训练任务。08：45机组联系广汉进近，进近管制员指挥其上升至1 800米保持、15海里报告。08：48该机擅自下降高度到1 500米，与同高度盘旋等待的C172/B–9292号机发生冲突。新津分院进近管制员郝梁怡通过ADS–B发现异常后立即打电话提醒广汉进近管制员，同时，广汉塔台飞行指挥员秦险峰发现异常后也及时对进近管制员进行了提醒。随即，广汉进近指挥员指挥两机相互避让。冲突发生时，两机相距纵向间隔约2海里，高度差约20米。学院给予郝梁怡通报嘉奖，奖励1 000元。给予秦险峰通报嘉奖，奖励500元。

2010年11月4日，洛阳分院机务一队助理工程师袁浩同志对TB200/B–8806飞机进行技术检查，在对螺旋桨组件进行外部目视检查时，发现该机螺旋桨桨毂后部有一不明显的线状污渍。经检查最终确定此处存在一条长约70 mm，且已贯穿桨盘固定螺栓孔与相邻桨毂固定螺栓孔之间的严重裂纹。若螺旋桨桨毂裂纹不能及时被发现，飞行中裂纹将会快速发展进而造成螺旋桨桨叶固定失效，桨叶飞脱，甚至导致严重航空不安全事件发生。学院给予袁浩通报嘉奖一次，奖励人民币2 000元。

2010年11月12日，洛阳分院机务二队助理工程师蔡卫同志在完成TB200/B-8808飞机400小时定检工作进行发动机试车后，发现该机发动机机匣左侧上部有少许滑油油迹，发现机匣部位存在疑似裂纹现象。经检查，最终确认在机匣左侧上部存在长约25 mm的裂纹。若裂纹不能及时被发现，将很可能造成空中滑油泄露甚至机匣崩裂，致使发动机完全失效，进而导致严重不安全事件甚至事故的发生。学院给予蔡卫通报嘉奖一次，奖励人民币2 000元。

2010年12月20日，新津分院BELL206/B-7741号直升机进行本场悬停起落训练。该机飞行前各项检查正常，在训练过程中，教员朱通感觉直升机较以往抖动明显，经报告飞行指挥员犹轶同意后决定进行低高度悬停观察。在悬停过程中，机组操纵改变功率和速度，抖动均无明显减弱，因此不能准确判断为何种振动。犹轶随即指挥该机滑回停机坪，并亲自上机与机组共同进行试车和悬停检查，犹轶根据抖动现象，判断异常振动可能来源于直升机尾部，于是决定关车作进一步检查。经检查发现，该机尾梁处有严重裂纹，裂纹部位约距尾桨轴90 cm，在尾梁包皮扣子固定支架铆钉处，沿尾梁周向，向两侧扩展，长度约为15.5 cm，已接近该处尾梁周长的1/4。该裂纹危险性高，如果继续飞行，裂纹将迅速扩展，最终导致尾梁断裂，后果不堪设想。学院给予朱通记功一次，奖励1万元；给予犹轶记功一次，奖励1万元。

2011年1月6日，绵阳分院机务一中队在完成C172/B-7925飞机发动机100小时定检工作时，机械师耿川检查发现右机翼内副翼钢索与防自动驾驶仪部件干扰导向器托板碰磨，钢索磨损程度超过维护手册规定标准。1月12

日，耿川在更换钢索的过程中，又发现右机翼约71.125站位钢索与机翼隔框防磨支板也有磨损现象，且该磨损位置距检查口较远，日常维护工作中根本无法检查到。经检查发现左机翼与右机翼在同一站位上的钢索均有磨损。机务工程部及时将情况上报学院机务处组织全院普查的同时，召开可靠性委员会进行分析研究，制定普查排故方案。经对全院所有C172飞机副翼操纵系统钢索普查，结果发现该机型普遍存在同样的问题，共更换磨损钢索80根，其中有62根钢索磨损超标。学院给予耿川通报嘉奖一次，奖励人民币2 000元。给予机务一中队通报嘉奖一次，奖励人民币5 000元。给予机务工程部通报表彰一次。

2012年9月13日，绵阳分院机务工程部二中队机械员钟声刚在对CE525/B-3648飞机进行夜航技术状态检查时，发现左发动机进气道整流锥有一条3 cm裂纹。该故障隐患若不及时被发现和排除，在发动机工作时，进气道整流锥在高转速离心力的作用下，裂纹将继续扩展，甚至会导致整流锥脱落，致使发动机严重损坏、停车，危及飞行安全。学院给予钟声刚通报嘉奖一次，奖励人民币2 000元。

2012年10月16日，新津分院贝尔206/B-7741直升机执行本场学生机长训练。在悬停过程中，机长吴静、副驾驶游欣听见发动机舱有异响，同时机身瞬间抖动，伴随着持续的啸叫声，当即操纵飞机落地并报告塔台。飞行指挥员朱通立即指令机组将驾驶杆中立，油门慢车位等待检查，同时指挥空中其他飞机避让和等待。直升机大队长犹轶及时赶到现场，对地面进行油污检查未见漏油现象，又到驾驶舱检查发动机参数，同时与机务人员共同检查判断发动机压气机部位发出啸叫声，随即要求飞机原地关车。经分解检查发现：压气机第3级转子一叶片从根部断裂后，造成3、4、5、6级静子和转子叶片不同程度受损。给予吴静、游欣通报嘉奖一次，奖励人民币2 000元。学院给予指挥员朱通通报嘉奖一次，奖励人民币1 000元。给予大队长犹轶通报嘉奖一次，奖励人民币1 000元。

2014年3月7日，洛阳分院飞行六大队组织训练，教员李星华机组驾驶

PA44/B-3599号机执行本场带飞训练任务。该机在起落航线三边位置，高度300米时，发动机突然出现剧烈抖动，功率迅速下降，机组人员沉着冷静，控制好飞机状态，并迅速判断为右发动机故障，按照程序果断关闭右发并实施顺桨，正确操纵飞机单发在洛阳机场安全落地，人机安全。经查，导致故障发生的直接原因是配重挡片碎裂，配重滚柱脱出，与发动机内部高速运转部件撞击，从而造成发动机内部损伤。学院给予李星华同志通报嘉奖，奖励人民币3 000元。

2014年5月12日，洛阳分院飞行九大队组织训练，教员潘志远机组驾驶SR20/B-9576号机执行空域带飞训练任务。该机在高度1500米，距本场18海里时，发动机突然出现剧烈抖动，教员立即上手操纵飞机，按照程序进行处置，发动机工作有所稳定，机组尽量维持高度向本场归航。两三分钟后，发动机再次剧烈抖动，功率迅速下降，机组人员沉着冷静，判断为发动机停车后，立即控制好飞机姿态，建立飞机滑翔状态。在距本场8海里左右，高度850米（QNH）时，潘志远教员决定实施场外迫降，机组完成手册规定开伞前检查项目后，在确保避开高压线、村庄的情况下，果断拉伞迫降后按照手册要求断油断电。飞机成功迫降在场外一小山坡上，飞机受损、人员安全。机组三人在教员指挥下以先学生后教员的顺序安全撤离了飞机。学院给予潘志远同志记二等功，奖励人民币40 000元。

2015年3月13日，新津分院PA44/B-3671号机执行本场空域带飞训练返场后，机组在实施模拟单发着陆教学训练时忘放起落架着陆。此时，联络道等待的B-3592号机张谦机组发现该情况后，立即使用无线电紧急提醒，与此同时，直升机大队跟班领导犹轶也通过对讲机紧急提醒了塔台飞行指挥员，几乎在塔台指挥员发出拉升指令的同时，B-3671号机机组实施了复飞，复飞高度 1米左右。正是由于张谦、犹轶在关键时刻的及时提醒，才成功避免了一起后果更为严重的不安全事件发生。学院给予张谦记三等功一次，奖励人民币2万元。给予犹轶通报嘉奖一次，奖励人民币3 000元。

2015年7月12日，绵阳分院飞行十二大队组织本场训练，教师杨亮机组驾驶172R/B-7917号机执行本场带飞教学训练任务。飞机在五边进近时突发油门卡阻，机组立即报告塔台指挥员，并按指令继续进近。进场后机组在确认能安全着陆的情况下按指令关停发动机，在绵阳机场安全着陆。鉴于该机型油门空中卡阻尚属首次，机组应急处置准备充分，处置得当，避免了一起可能发生的严重事件。学院给予B-7917机组通报嘉奖，奖励杨亮人民币3 000元。

2016年5月13日，新津分院172R/B-7928号机执行本场带飞教学训练任务。在起落航线三边，突遇油门操纵卡阻，发动机转速被锁定在2 000 RPM左右。接到机组报告后，塔台立即指挥飞机在本场上空等待，以做进一步的检查和确认，同时做好故障加剧情况的处置准备。在初步确认B-7928号机为空中油门大转速卡阻后，分院决定启动二级应急预案，各部门迅速集结塔台待命，并立即组织飞行、机务相关专业人员组成技术保障组，对飞机故障进行分析研究，制定应对措施。同时根据技术专家建议，决定特情飞机通过关断混合比暂不关断磁电机的策略实施空中关车，并执行高进近着陆程序。考虑到特情机组教师为刚带飞的新教师，分院又安排一名经验丰富的副大队长驾驶同型号、剩余油量相似的飞机进行了五次高进近试降，向特情机组提供空中关车及放襟翼时机的准确数据。特情机组参考模拟数据后，结合关断混合比发动机停车有延迟的特点，操纵飞机在四转弯后关断混合比，根据目测放襟翼，真高约30米时进入跑道，最终飞机在本场安全着陆。经调查，该机发动机进气道备用进气活门弹簧钢丝断裂，弹簧断丝卡阻燃调风门是导致此次不安全事件发生的直接原因。鉴于学校C172机型油门在空中高转速时发生卡阻尚属首次，新津分院在特情处置中，行动迅速、组织有力、措施高效；飞行机组临危不惧、沉着冷静、正确处置；空地密切配合，高效协同，成功避免了可能发生的严重后果，确保了人、机安全，为学校飞行安全做出了突出贡献。同时为学校今后成功处置C172机型空中油门大转速卡阻积累了经验、提供了参考、增强了信心。学院给予新津分院记三等功，奖励10万元。给予B-7928号机飞行教师彭旺记三等功，奖励2万元。给予新津分院院长王小龙通报嘉奖，奖励3 000元。给予飞行一大队大队长曹鹏飞通报嘉奖，奖励3 000元。

2016年9月15日，广汉分院奖状B-7777飞机在广汉机场起飞过程中右发超温返航。机务人员在完成超温排故后，按照厂家建议进行地面试车时，右发动机参数均显示正常，但在进行起飞功率试车时，右发相对左发声音轻微的异常引起了试车人员机务工程部副主任王强、机务三队队长李家海的警觉，二人立即组织对右发进行振动测试，发现右发振动值超标，进一步对发动机风扇、压气机转子、静子进行孔探检查，发现中压压气机转子一叶片从叶尖断裂，紧邻风扇静子的7片叶片都有不同程度的损伤。由于王强、李家海两位同志在右发动机参数显示正常的情况下，未放过声音的轻微异常，及时发现了压气机转子叶片断裂、静子叶片受损的重大故障隐患，避免了可能造成的更严重后果。学院给予广汉分院机务工程部副主任王强同志记三等功，奖励人民币2万元。给予广汉分院机务三队队长李家海通报嘉奖，奖励人民币3 000元。

2016年9月26日，绵阳分院机务工程部三中队机械师李爱兵在完成C172/B-9280飞机机身12 000小时结构检查的补充检查项目时，发现该机机身FS108.0站位处隔框裂纹10 mm。分院高度重视此问题，立即开展普查，发现8架飞机存在不同程度裂纹，遂将此故障情况及时上报学院机务处。经全院普查，共检查发现26架C172飞机也存在类似情况。经调查，在对C172飞机机身FS108.0站位处隔框裂纹进行检查时，空间非常狭小，光线很差，需借助手电筒和反光镜进行检查，即使这样，裂纹也不容易被发现，故障隐蔽性强，系学院首次发现。由于李爱兵同志及时发现了该机型大面积的机械故障安全隐患，避免了可能发生的严重后果，为学院飞行安全做出了重要贡献。学院给予绵阳分院机务工程部三中队机械师李爱兵同志记二等功，奖励人民币4万元。

2017年3月3日，广汉分院小双发B-3599号机执行本场带飞训练任务，右座王于（教员），左座李彬（学生）。该机起飞后一边4 ~ 5海里左右，机组发现左右发动机参数指示大幅度摆动，右发电机电流表剧烈摆动，当即报告进近管制员，复诵指令后第二部GPS显示器自动关闭，随即飞机失去全部电源。王于立即接管飞机操纵，检查发现电瓶跳开关跳出，复位无果。与此同时，进近管制员王帅（空管中心管制员）与塔台飞行指挥员郑志恒（广汉分院飞行三大队大队长）发现该机通信异常后，在各自频率中不断尝试联系该机，但无回应，在此过程中，该机ADS-B信号消失，遂分别指挥其他飞机避让。期间，塔台飞行指挥员监控席位冯垚（广汉分院飞行三大队副大队长）用望远镜寻找该机，进近管制员监控席位吴鹏（空管中心管制员）监控飞机运行动态。按照《安全程序与措施》无线电通信失效处置基本原则，空地最终通过手机取得联系。在空地密切配合下，机组驾机执行应急放起落架程序并安全落地。调查发现，该机整机断电是右发电机本体短路所致，此故障为小双发飞机首次发生，会导致无线电通信双向中断、部分仪表导航、应急放起落架等一系列综合特情，而且在该机型相关手册中没有相关应急处置程序和检查单。王于机组面对特情，处置及时、准确，有效避免了飞机整机断电后可能发生的严重后果。飞行指挥员郑志恒、冯垚，进近管制员王帅、吴鹏分工合作，指挥得当，为机组安全着陆创造了条件。学院给予广汉分院飞行三大队王于机组通报嘉奖，奖励人民币1万元。给予郑志恒、冯垚、王帅、吴鹏飞行指挥组通报嘉奖，奖励人民币1万元。

2017年4月6日，飞机修理厂飞机修理车间返聘的钣金人员刘萍同志在对小双发B-3606号机进行机体2000小时检修时，发现该机左、右机翼WS50.05处翼肋上一铆钉孔边缘有裂纹。车间钣金组高度重视，立即对在厂大修的小双发B-3608、B-3595号机进行检查，发现在它们相同位置均有不同程度裂纹。飞机修理厂遂将该情况上报学院机务处，经全院普查，共有3架在训飞机存在此现象。经调查，该裂纹位于飞机主起落架安装底座附近的机翼内部，空间狭小，位置不易接近观察，而且该处是飞机起落架连接处的重要受力部位，这类问题系学院小双发飞机首次发现。学院给予飞机修理厂飞机修理车间刘萍同志记三等功，奖励人民币2万元。给予飞机修理厂飞机修理车间钣金组通报嘉奖，奖励人民币1万元。

2017年4月27日，广汉分院C172/B-9259号机执行本场夜航带飞训练任务，右座邹智超（教员），左座陈佳佳（学生）。该机着陆后连续起飞，收襟翼、加油门后，机组发现在脚蹬位置有闪光（共三次，持续2秒左右），并闻到焦糊味，襟翼位置指示10度（正常起飞收襟翼应在0度位置），机组立即中断起飞，脱离跑道后实施着陆检查项目时收放襟翼无反应。调查发现，该故障为中央操纵操纵台后部襟翼收放电门导线束一导线与中央操纵台后部金属加强片相磨跳火所致。经全院普查，发现111架C172飞机中有38架飞机襟翼导线存在走向不合理、松弛和摩擦的现象。学院给予广汉分院飞行四大队教员邹智超通报嘉奖，奖励人民币3 000元。给予广汉分院飞行四大队飞行学生陈佳佳通报表彰。

2017年6月1日，广汉分院172R/B-9260号机执行本场起落带飞训练任务，右座王于（飞行三大队教员），左座江淮（学生）。该机低空复飞收襟翼时，机组听到一声异响，随后飞机向右侧明显横滚偏转，教员王于立即上手操纵飞机，制止偏转并控制好飞机状态。随后机组目视检查发现左襟翼未收上且无法正常操作，报告塔台后按照应急处置程序驾驶飞机安全落地。经调查，该机左襟翼内侧导轨个别组件疲劳断裂，使襟翼蒙皮固定支架下沉，导致襟翼上部支架被其卡阻，钢索在襟翼电机的持续作用下被拉断。经普查，全院共发现8架飞机襟翼支架组件均存在类似故障隐患。王于同志在面对襟翼故障突发特情时，处置得当有效，保证了飞行安全。学院给予广汉分院飞行三大队教员王于同志通报嘉奖，奖励人民币3 000元。

2017年9月3日，绵阳分院飞行十二大队飞行教师陈星龙、学生张亮驾驶PA44/B-3677号机执行“绵阳—南充—遂宁—广汉—绵阳”转场带飞训练任务。该机在南充机场着陆接地时明显右偏，右机翼倾斜下沉，机组随即控制好方向，柔和使用刹车，由于飞机姿态变化较大，为避免发生严重后果，机组报告塔台后将飞机停在跑道上并关车。经检查，该机右主起落架后部安装点空心轴的固定螺栓松脱，导致空心轴脱出，使右起落架失去后部支撑而向后倾斜，进而造成右主起落架的前部安装支板破裂，起落架舱顶部腹板破损。陈星龙机组处置准确、有效，避免了该机发动机、螺旋桨、机翼等重要部件严重受损的可能，为保证飞行安全做出了突出贡献。学院给予绵阳分院飞行十二大队陈星龙机组通报嘉奖，奖励人民币1万元。

2017年11月14日，新津分院机务一中队机械组长王洪同志在排除172R/B–9340号机其他故障时，在驾驶舱闻到一丝汽油味，遂对飞机燃油管路逐项排查，检查发现，在机身站位FS65.33处，左侧副翼钢索已将左油箱燃油导管磨穿。王洪同志立即将此情况上报中队，并迅速保护现场，备好灭火装置。经现场测量，该燃油导管损伤区域长15 mm、宽3mm、深度1.5 mm。经普查，先后在广汉、绵阳分院发现4架飞机也存在此磨损现象，其中广汉分院1架飞机燃油导管已接近磨穿。经调查，该燃油导管重大故障隐患系学院172R机型首次发现，且渗漏点位于座舱内部密封区域，隐蔽性强，危险性高，严重影响了飞行安全，所幸在地面就被及时发现，因此避免了不可预见的严重后果。学院给予新津分院机务一中队机械组长王洪同志记三等功，奖励人民币2万元。

2018年1月11日，遂宁分院C172/B–9281号机执行遂宁—绵阳—遂宁单人单飞目视转场训练任务。该机从涪江返航时，航线指挥管制员曾敬指挥其保持标准气压900米过三台报告，并密切关注航空器运行情况。管制员曾敬发现该机在到达标准气压900米后依然有持续下降的趋势，立即向带班主任张乐报告当时的情况，同时通过VHF提醒机组回到正确高度。张乐一边监控飞机动态，一边提醒监控席管制员叶林通报与该航线相关空域内的其他飞机注意。经管制指挥班组多次呼叫该机，最终得到机组回复，此时，飞机飞行高度已下降至标准气压549米（ADS–B显示数值）。机组按管制指令爬升至正确高度。期间，未对其他飞行造成冲突。从事件的发生到成功处置，只用了不到4分钟。学院给予空管中心管制室管制员曾敬同志通报嘉奖，奖励人民币3 000元。给予空管中心管制室张乐班组通报嘉奖。

2018年4月24日，广汉分院组织实施CE525/B-3649号机12 000小时结构检修。机务工程部修理所修理人员张宗伟在对飞机下部天线安装座进行除防腐工作时，感觉安装座位置机身蒙皮有细微形变，目视检查却未发现任何异常。张宗伟使用涡流探伤仪对该区域进行了主动的深度检查，最终发现该处5个铆钉孔中有4个有裂纹，其中2个为密集性裂纹。由于该铆钉孔位于前机身下部，正处于飞机增压舱外部区域，铆钉孔裂纹极易在座舱增压循环应力与腐蚀物挤压的作用下迅速扩展，蒙皮强度会降低，在其飞行过程中，在气流的作用力下可能导致天线脱落，继而造成座舱释压，同时飞机也面临被击伤的风险，会对飞行安全构成严重威胁。学院给予广汉分院机务部修理所修理人员张宗伟同志通报嘉奖，奖励人民币3 000元。

2018年6月26日，洛阳分院实施SR20/B-9573号机发动机拆、装工作。机务工程部二队SR20换发组王向群同志主动扩大检查面，发现该机发动机架悬臂前端连接杆有疑似裂纹现象，经进一步的详细检查后，确定该发动机架悬臂前端连接杆与右侧支架焊接处有裂纹且完全断裂，立即报告机务部，把住了该机的安全关口。学院给予洛阳分院机务工程部二队SR20换发组王向群同志通报嘉奖，奖励人民币3 000元。

2018年11月5日，广汉分院CE525/B-3650号机执行“广汉—中江—玉龙”带飞航行训练，左座教员王凯，右座学员于天成，观察座教员曹凯均。该机在广汉机场起飞后一边5海里位置上升改平飞过程中左发动机停车。教员王凯立即控制好飞机状态，监控教员曹凯钧换下右座学员，配合左座责任教员处置单发特情。期间，广汉分院飞行指挥员谢华组织塔台、进近席位调整本场运行，为该机优先调配空域及飞行路线，并给予机组技术指导和安全提醒，同时启动广汉机场航空安全应急预案。经过空地密切的协同配合，该机在广汉机场安全着陆。机组在面对突发特情时，密切配合，在两次执行发动机保护性关车程序、空中重启不成功的情况下，准确评估飞机单发性能并实施耗油减重，接受指挥员指令后，操纵飞机安全着陆，保证了飞行安全。学院给予广汉分院高教中心教员王凯、曹凯均和飞行师谢华通报表彰的奖励，分别奖励人民币3 000元。

2019年6月14日，洛阳分院机务工程部二队组长郭祥亮同志在执行SR20/B-9749飞机50小时定检任务时，发现该机方向舵和垂直安定面上部连接支架两片接耳均从螺栓孔处断裂。由于此故障在学院运行的SR20飞机上系首次发现，且洛阳分院机务工程部后续对SR20机群普查时，先后发现有四架飞机方向舵上部支架接耳存在裂纹的现象，如未及时发现而继续投入飞行，将对飞行安全构成严重威胁。学院给予洛阳分院机务工程部二队组长郭祥亮同志记三等功，奖励人民币20 000元。

2019年6月17日，遂宁分院机务工程部维修一中队接机改装组成员丁锐、钱鹏在对C172S/B-107K号机实施运行前检查准备工作的过程中，使用孔探设备检查操纵系统钢索状况，发现方向舵右侧钢索与副翼滑轮挡销接触而受力弯曲，进一步检查发现该钢索在通过中央操纵台下部副翼滑轮钢索挡销处存在安装错误，未正确安装在导向滑轮卡槽内，导致该钢索在全运动行程中与副翼挡销发生直接磨损。经调查，该钢索安装错误系厂家组装造成，且安装错误位置受到仪表板、装饰板的遮挡，目视检查难以发现。若此安全隐患未被及时发现，方向舵右侧钢索将会因磨断而发生更为严重的不安全事件。学院给予遂宁分院机务工程部维修一中队丁锐、钱鹏接机改装组通报嘉奖，奖励人民币10 000元。

2020年3月3日，绵阳分院飞行八大队飞行教员田红在飞行直接准备阶段计算飞机重量平衡时，发现DA-42NG/B-10WW号机起飞重心数据与飞行手册标准数据存在出入，飞机重心超出了规定包线范围，再次核算无误后，立即将此情况报告分院。由于该问题系学院引进DA-42NG飞机以来首次发现，绵阳分院高度重视，普查发现B-10WT、B-10XA号机也存在因加装空调，导致备用油箱满油情况下重心超出包线的问题，若未及时发现，将对飞行安全构成严重威胁。学院给予绵阳分院飞行八大队飞行教员田红同志记三等功，奖励人民币20 000元。

2020年3月9日，广汉分院机务三队队长李家海在做CE525/B-3644号机开飞准备工作中，发现该机右侧水平安定面前缘除冰带上的表面局部区域存在肉眼不易察觉的轻微凹陷。随即组织使用孔探仪对该区域内部进行深入检查，发现右侧水平安定面前缘蒙皮内部8个支撑肋中有5个已经失稳，其中2个出现弯曲变形，3个出现不同程度的裂纹甚至断裂。进一步检查，发现右侧水平安定面前缘上表面除冰带4个气压通道内部已经贯通为一个整体通道，严重影响除冰效能。由于该故障在学院运行的CE525飞机上系首次发现，查阅此次工作相关检查单，发现对该故障区域的检查属未涵盖内容，且该故障区域属高平尾不易观察处，极度隐蔽，如未及时发现而继续投入飞行，将对飞行安全构成严重威胁。学院给予广汉分院机务三队队长李家海同志记三等功，奖励人民币20 000元。

2020年10月05日，新津分院机务工程部一中队机械员杨恒，在完成C172S/B-70M7号机（S/N：172S12363）发动机200小时定检工作拆检燃调进口油滤时，发现燃调（P/N：AV2576536-2）进口油滤滤网结合面不规整且有金属毛刺，极易碰落。毛刺脱落后可能会随燃油进入燃油控制活门、分配器或喷嘴，使活门及分配器卡滞、燃油喷嘴堵塞，导致发动机供油异常、振动，甚至空中停车，存在极大的安全隐患。由于此故障在学院机队中系首次发现，查阅此次工作相关检查项目，发现对该故障区域的检查属未涵盖内容，且全学院后续普查时，先后发现有37架C172S飞机和1架待接收R44II直升机存在类似安全隐患，如未及时发现继续投入飞行，将对飞行安全构成严重威胁。学院给予新津分院杨恒同志记二等功，奖励个人人民币40 000元。

第十二章
安全科技

学院坚持把科技创新作为新时代民航强国建设的支撑，以中国民航“四型科研院所”“五大基地”为基础，搭建和布局科技创新实验平台，形成具有一定规模的科研资源体系，涵盖民航运行安全、维修适航审定、通用航空等领域。在飞行技术、机务维修、机场工程与运行、空中交通管理、航空公司运营管理等方面，建成教学科研实验室、研究中心52个，获得省部级以及以上奖励的共建、联合重点实验室（工程技术研究中心）8个，产业技术创新联盟4个，拥有国家级高新技术开发区“协同创新与科技成果孵化中心（德阳）”，拥有“航空器防火救援院士工作站”，建有“中国民航数据工程与行为科学研究院”，在学院以及民航的科技发展中发挥了引领作用。

近5年来，学院承担国家重点研发计划、自然科学基金、社会科学基金和软科学等各级各类科研项目2 000余项；获得各类科技成果和技术改进奖励300多项，其中省部级以上奖励26项，国家发明专利、实用新型专利等300多项；在国内外高水平学术刊物上公开发表成果1 100余篇，出版有影响力的学术专著100多部；200余项科研成果及技术服务实现成果转化和应用，为100余家民航行业、地方政府、企业提供科技服务；为民航安全运行、航空公司、空管系统、机场保障提供了高质量的工程技术服务、政策标准与决策咨询，产生了良好的经济效益和社会效益。

一、重点实验室

截至2020年11月，学院已建立了13个省部级重点实验室，见表12-1。

表12-1　学院省部级重点实验室

科研基地名称	所属单位名称	所属单位号	科研基地类别	共建情况
民航飞行技术与飞行安全科研基地	民航飞行技术与飞行安全科研基地	01041	省、部设置的研究所（院、中心）	否
飞行技术与飞行安全重点实验室	民航飞行技术与飞行安全科研基地	01041	省级重点实验室	否
民机复合材料协同创新中心	航空工程学院	01034	省级2011协同创新中心	否
民机复合材料研究所	航空工程学院	01034	省、部设置的研究所（院、中心）	否
发动机控制技术重点实验室	航空工程学院	01034	省级重点实验室	否
民用航空器火灾科学重点实验室	民航安全工程学院	01050	省级重点实验室	是
德阳（国家）高新区协同创新与科技成果孵化中心	科研处	01038	省、部设置的研究所（院、中心）	是

续表

科研基地名称	所属单位名称	所属单位号	科研基地类别	共建情况
中国民用航空飞行学院协同创新与科技成果转化中心	科研处	01038	省、部设置的研究所（院、中心）	否
空管技术创新联盟	空中交通管理学院	01040	省、部设置的研究所（院、中心）	是
基础技术研究型科研院所	航空工程学院	01034	省、部设置的研究所（院、中心）	否
民航科技创新四型科研院所	民航飞行技术与飞行安全科研基地	01041	省、部设置的研究所（院、中心）	否
民航科技创新基础技术研究基地	民航安全工程学院	01050	省、部设置的研究所（院、中心）	否
民航机场安全与运行工程技术研究中心	机场工程与运输管理学院	01035	省、部设置的研究所（院、中心）	是

二、省（部）级以上项目获奖情况

学院2017年至今共获得13项省（部）级项目奖励，见表12-2。

表12-2 学院获得的项目奖励

科技成果名称	第一完成人	获奖名称	奖励等级	授奖单位	授奖时间	奖励级别
小型飞机飞行训练器关键技术研究	苏彬	中国航空运输协会民航科学技术奖、单位第一	二等奖	中国民用航空局、中国航空运输协会	2017	省部级
基于对飞机运行动态仿真的航班计划评价系统	孙宏	中国航空运输协会民航科学技术奖、单位第一	二等奖	中国民用航空局、中国航空运输协会	2017	省部级
GARMIN G1000系统修理技术研究	魏麟	中国航空运输协会民航科学技术奖、单位第一	二等奖	中国民用航空局、中国航空运输协会	2017	省部级

续表

科技成果名称	第一完成人	获奖名称	奖励等级	授奖单位	授奖时间	奖励级别
通用航空维修体系及维修远程支持关键技术研究	唐庆如	中国航空运输协会民航科学技术奖、单位第一	三等奖	中国民用航空局、中国航空运输协会	2017	省部级
仪表飞行程序三维设计系统	徐国标	中国航空运输协会民航科学技术奖、单位第二	二等奖	中国民用航空局、中国航空运输协会	2017	省部级
国产民机航线适应性分析	孙宏	中国航空学会科学技术奖、单位第一	三等奖	中国航空学会	2018	省部级
基于高精度数字地形的应急程序障碍物及地形分析系统	余江	中国航空运输协会民航科学技术奖、单位第一	三等奖	中国民用航空局、中国航空运输协会	2019	省部级
基于空地无线宽带通信技术的MA600飞机飞行实时状态监控系统研究	李自俊	中国航空运输协会民航科学技术奖、单位第一	三等奖	中国民用航空局、中国航空运输协会	2019	省部级
通用航空器重着陆结构修理技术研究	聂挺	中国航空学会科学技术奖，单位第一	三等奖	中国航空学会	2019	省部级
R44 II 型直升机结构大修技术研究	阎成鸿	中国航空学会科学技术奖，单位第一	三等奖	中国航空学会	2019	省部级
低成本广播式自动相关监视系统（ADS—B）车载应答器研发	林琳	中国航空运输协会民航科学技术奖，单位第一	二等奖	中国民用航空局、中国航空运输协会	2020	省部级
基于4D航迹运行概念的大型机场场面活动冲突控制研究	朱新平	中国航空运输协会民航科学技术奖，单位第一	三等奖	中国民用航空局、中国航空运输协会	2020	省部级

续表

科技成果名称	第一完成人	获奖名称	奖励等级	授奖单位	授奖时间	奖励级别
ADS-B数据中心	林琳	中国航空运输协会民航科学技术奖，单位第二	二等奖	中国民用航空局、中国航空运输协会	2020	省部级

三、安全科技投入

（一）保证学院飞行品质

学院通过自主科技创新，在全球通航领域率先开发出基于通航SD卡飞参数据的飞行品质监控分析系统，按照全覆盖、重实效的要求，对飞行训练进行全程监控，年均采集训练数据20多亿条，完成飞行训练安全与质量分析报告38篇（见图12-1）。该系统自2017年运行以来，飞行训练一般超限事件和严重红标事件数量均呈现显著下降的趋势，大幅提升了学院飞行训练的整体安全水平。

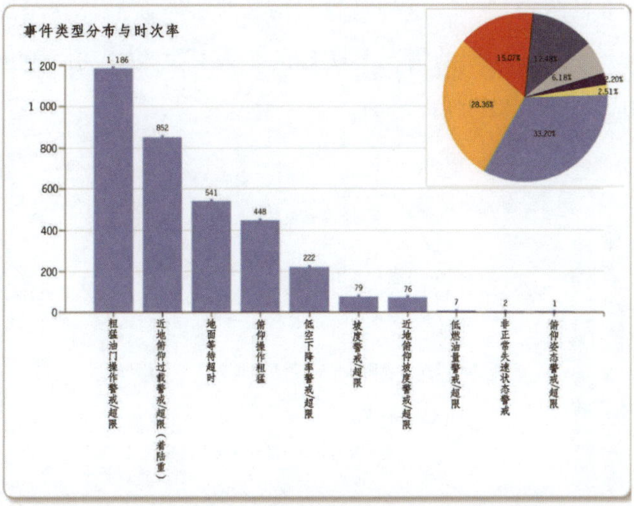

图12-1　基于通航SD卡飞参数据的飞行品质分析样例

图12-1清晰大图请扫码观看

下一步，学院将逐步在各个机型上加装视频监控系统，通过分析视频监控内容，及时发现运行和训练过程中的安全隐患，查找危险源，实现安全关口前移。

同时加快推进“通航飞行品质监控系统”项目二期建设，高标准推进“飞行训练航空安全管理系统”平台建设，实现数据化、智能化、可视化的安全管理动态评估及预警机制，发挥科技在提升安全管理水平方面的引领作用。

（二）利用ADS-B监视系统对飞行安全和训练量进行双重提升

学院自2006年从国外引进UAT978制式的ADS-B监视系统，但引进之初未完全开放其所有功能。学院专门成立科研攻关小组，通过自主消化吸收和研发改造，使其适用于学院的训练飞行，并于2007年正式投入使用。

ADS-B监视系统的引入如同为学院飞行训练指挥装上了“鹰眼”，为学院提高空域容量，提升训练量，扩大年训练规模提供了强大的动力。学院的总训练量从2006年的12万小时，到2011年翻一番的24万小时，再到目前的30万年训练小时（见图12-2）。这种跨越式增长是在学院总体安全形式平稳向好，但空域资源逐年缩减的情况下实现的，其背后的“功臣”正是ADS-B监视系统的应用所带来的强大潜力。

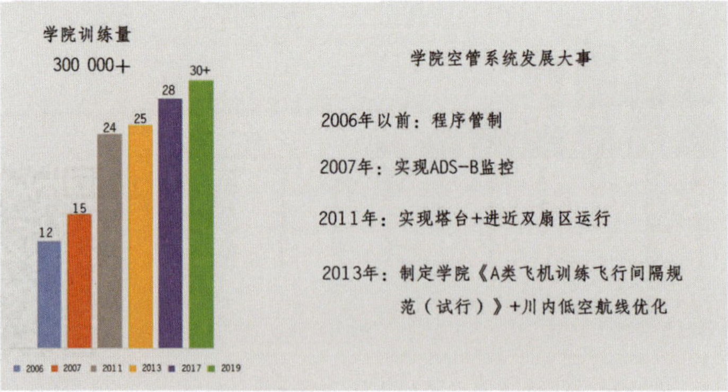

图12-2　空管系统发展对学院训练量的提升

（三）学院年训练量提升与空管系统的发展关系

学院作为全国最早应用ADS-B监视系统的通航运行单位，目前正在由UAT978制式转型升级到中国民航统一使用的1090ES模式，目前已完成校飞验证，即将投入试运行阶段。

第十三章
民航通航改革担当

民航局冯正霖局长在2017年民航工作会上指出，要想着力推动通用航空发展需要从创新通用航空发展政策、创造通用航空发展环境和改进通用航空管理模式三方面入手，打破用运输航空管通用航空的旧模式，改进通用航空监管模式，坚持“放管结合”，重点解决好“放”的问题，加快构建区别于运输航空的通航安全监管体系。

学院是我国现阶段规模最大的飞行院校和通航单位，长期以来积累了丰富的通航运行和事件调查经验，在飞行数据译码、失效分析和活塞发动机拆解等领域具有技术优势，并且多次协助局方参与通航事件的调查工作，委托调查试点是民航局、管理局对学院自我安全管理能力的信任和调查技术能力的肯定，为此，学院在现有技术优势的基础上，进一步整合安全管理资源，从组织机构完善、调查员队伍建设、调查设备配置、演练和培训、调查技术方法研究等方面加大投入，进一步提升调查能力和调查报告的质量。

2017年7月底，民航局航安办刘清贵副主任带队在西南开展了相关专题调研，要求西南局借鉴东北局改革试点经验，结合本地区特点制定通航不安全事件调查深化改革方案。管理局党委对此高度重视，指示由航安办牵头，协调通航处、飞标处和适航维修处共同研究推进改革试点相关事宜。

图13-1

2017年8月9日管理局上报了《关于在西南地区成立通用航空不安全事件调查机构的请示》，民航局于9月30日进行了回复，同意“先行在民航飞行学院开展通航改革的相关工作，授权飞行学院开展非亡人训练飞行事故和事故征候的调查工作”。12月13日，吴小兵副局长带队赴广汉对飞行学院开展通航委托调查的前期筹备情况进行了现场验收检查。

图13-2

2018年6月19日下午，民航四川安全监督管理局通用航空管理办公室揭牌仪式在学院举行（见图13-3）。通航办是民航四川安全监督管理局按民航局“放管服”要求对行业监管的一次改革创新，也是民航四川安全监督管理局积极响应党中央号召，践行深化政治体制改革要求，落实民航“十三五”规划的重要举措。通航办的日常办公地点设在学院，是为了更好地服务于学院的安全监管和快速发展。通航办所有工作都按民航四川安全监督管理局授权开展。这既是对学院综合实力的信任和肯定，也为学校提供了锻炼队伍、提升管理水平和展示形象的新舞台。

图13-3 民航四川安全监督管理局通用航空管理办公室揭牌仪式

图13-4　特别贡献奖奖状

通过近3年的委托调查试点工作，学院截至2020年年底，已经顺利完成院内一般事件调查5起、事故征候4起。受西南局和其他地区管理局的聘请，参与到区内及区外通用航空不安全事件调查7起。并且多次深度参与局方组织的调查竞赛和演练。在2020年，学院作为承办单位参与了2020年全国民航航空器事件调查技能竞赛，并获得2020年全国民航航空器事件调查技能竞赛特别贡献奖，奖状见图13-4。